日工の知っておきたい小冊子シリーズ

ニーズに応える機能性フィルム関連技術

Contents

- フィルム製造工程の品質と生産性向上に貢献するコントローラ＆センサ
  - アズビル㈱　牧野　豊・喜入信博… 2
- ウェブガイドシステム用カラーラインセンサ
  - エアハルト ライマー ジャパン㈱… 4
- ドライアイス洗浄の特性と設備洗浄への適用について
  - ㈱グリーンテックジャパン… 7
- 最新型流路「メビウスマニホールド」
  - ㈱クローレンジャパン　小山　勉… 10
- ドライアイス洗浄技術
  - COLD JET TECHNOLOGIES… 12
- SMC社製マイクロウェーブ式乾燥機MWDシリーズ
  - ㈱湘南貿易　土井菜穂子… 15
- 押出ラミネーター用密閉型AC液塗工装置
  - 住友重機械モダン㈱　長谷川　満… 18
- 押出ラミネーター用空圧式自動偏肉制御Tダイ
  - 住友重機械モダン㈱　中野勝之… 20
- 資格・管理区域不要のβ線厚さ計
  - ナノグレイ㈱　宮下　拓… 21
- HASL/Flow Simulator Series
  - ㈱HASL　谷藤眞一郎… 23
- 金属弾性ロール（UFロール）のフィルム・シート成形法
  - 日立造船㈱　プラスチック機械営業部… 26
- 連続フィルム厚み測定機
  - ㈱フジワーク　林　勝也… 28
- 高速画像処理ボードによるMujiken＋高速フィルム外観検査技術
  - ㈱ニレコ　曽我亮一… 30
- 耐久試験機
  - ユアサシステム　難波輝彦… 34
- 超小型・低吐出押出機キャストフィルムライン
  - ユニテック・ジャパン㈱　柳谷良行… 37

フィルム製造工程の品質と生産性向上に貢献するコントローラ&センサ

アズビル㈱　牧野　豊・喜入　信博

1．押出機コントローラNX
1-1　概要

押出機コントローラNXは、当社製多ループ調節計である計装ネットワークモジュールNXに高機能押出機向けに開発した独自の高精度加熱冷却制御アルゴリズムおよびループ診断機能を組み込んだ押出機専用コントローラである。

押出機コントローラNXは、制御ユニット1枚でシリンダ2個の加熱冷却ループを構成することができ、制御ユニットを連結することであらゆるシリンダ数の押出機に対応することができる。水冷式二軸混練押出機、水冷式単軸押出機、空冷式単軸押出機のすべてにおいて高精度加熱冷却制御を提供でき、オートチューニング操作だけで制御パラメータを決定する。

一般的に冷却側の制御は、リレーやSSR（Solid State Relay）を使用した時間比例動作が用いられることが多い。時間比例動作とは繰り返し周期（サイクルタイム）に対するON/OFFの時間比（デューティ）を操作量としており、周期は機械的な耐久回数を考慮して10～30秒程度を使用されることが多い。この時間比例動作および空冷式ではファンにおける慣性、水冷式では冷媒の相変化における潜熱により、不連続な非線形特性を有する制御対象となり、冷却側の安定で即応性ある制御は難しくなる。

メディカルチューブや超極細ケーブル線などに代表される高精度加工が求められる成形品の場合、温度制御は特に重要な要素で、小数点以下の安定性が求められる。押出機コントローラNXでは、冷却側も加熱側と同等の制御性が得られるように、制御アルゴリズムに工夫を行い、制御性を向上させている。

1-2　押出機コントローラNXによる
　　　Tダイおよび金型の均熱制御

Tダイおよび金型の温度は、成形品の品質に直結する重要な要素の一つであり、均熱に関しては重要な管理項目である。オイルなどを用いた熱媒循環式はメンテナンスの手間や省エネの観点から、ヒータを使用する電熱式へ移行する傾向にある。電熱式は通常何点かの制御ループとなるが、しばしば熱媒循環式に比べ、均熱性が劣る場合がある。この理由としては、個々の制御ループが独立して制御しているため、SP変更や外乱応答時に全体として熱バランスを失っているからと考えられる。これを解決する一つの方法として、各制御ループが独立して制御するのではなく、お互いに協調しあい揃って温度を上げ下げすることで均熱するという考えがある。

押出機コントローラNXでは、最大32ループの温度制御ループを協調制御することで、外乱発生時も金型の均熱性を維持する均熱制御機能を利用できる。

2．位置計測センサ K1Gシリーズ

2015年1月に、樹脂フィルムや電子部品など様々な加工・組立の製造工程で、対象物の位置、厚み、幅などを計測する位置計測センサK1Gシリーズを販売開始した。位置計測センサは、各種の製造装置内

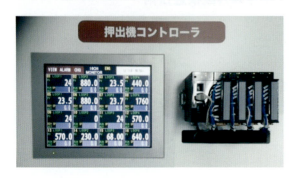

フィルムの蛇行計測
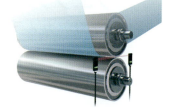
ローラの隙間計測

【アプリケーション例】

に設置され、フィルムの蛇行や厚みの計測、ガラス基板の位置計測や異常判別、電子部品の異品種混入判別など、幅広い用途に使用されている。このような加工組立産業の現場では、グローバル化による競争力を高めるため、品質・生産性のさらなる向上が求められている。

こうした要求に応えるためK1Gシリーズは、当社独自のアルゴリズムと演算性能を大幅に向上させ、同等機能製品で最高レベルの表示分解能（0.1 μm）と高速な計測周期（250 μs）を実現し、従来では困難だった微小な変化や高速の変化の計測を可能にした。今までのセンサでは見落としていた小さな変化も検出が可能になったことで、より高品質なものづくりに貢献する。

加えて、計測に至るまでの作業時間を削減するため、装置の稼働前にセンサの結線状態を確認できる「ユーザテストモード」や、異常発生時のデータを保存する「データログ機能」などの機能を新たに搭載した。これにより、計測前の準備や異常時の原因究明と対策にかかる時間を削減し、稼働率の向上を実現する。

今秋、2ndリリースとして高速モーションネットワーク［MECHATROLINK-Ⅲ］対応コントローラと測定範囲を15 mmに拡大したセンサヘッドを追加した。

MECHATROLINKは、コントローラと各種コンポーネントを接続するオープンフィールドネットワークである。高速通信と同期性を有し、ネットワーク上の機器との組み合わせにより、高速・高精度な制御を実現する。今回K1GシリーズがMECHATROLINK-Ⅲへ対応したことにより、K1Gシリーズを使用する

樹脂フィルムやリチウムイオン電池など様々な製造工程で、より高度な制御と効率化が可能になった。ネットワーク上のモーションコントローラやサーボモータ、入出力機器など、各種製造装置に関連する機器と接続することにより、これまで難しかった高度な制御の適用も可能になるほか、工程変更時の挙動確認やトラブル時の原因究明なども容易になり、メンテナンス性も向上した。

さらに今回センサを拡充し、測定範囲が従来の7 mmのタイプに加え、15 mmのタイプを追加した。今回追加した15 mmのタイプでは測定距離が最大1 mに向上し、ローラの隙間計測用途に適応が可能となる。また7 mmタイプでは測定範囲が小さく適応が困難であった、半導体製造のウエハアライメントやFPD（フラットパネルディスプレイ）製造用のガラス基板のずれ量計測などの用途にも適応が可能になり、品質向上に貢献する。

【問い合わせ先】

アズビル㈱
〒251-8522　神奈川県藤沢市川名1-12-2
TEL：0466-20-2160

製品技術

ウェブガイドシステム用カラーラインセンサ
＜エリアカメラ方式採用＞

エアハルト ライマー ジャパン㈱

1．はじめに

　創業96年、走行するウェブの加工工程や生産ラインにおける問題解決と自動化技術のスペシャリストとしてワールドワイドに展開するErhardt＋Leimer GmbH（エアハルト ライマー社、略称：E＋L、本社：ドイツ）は、アクチュエータやセンサの組み合わせによりあらゆるウェブの走行位置をコントロール可能なウェブガイドシステムを、幅広い産業分野に提供している。
　ここでは特に、ラインやエッジ、コントラストを検出するセンサとしてウェブガイドシステムで利用するカラーラインセンサと専用のタッチパネルを紹介する。

2．際立つスペックと信頼性

　この新型カラーラインセンサは2014年の発売以来、その信頼性や応用力の高さから順調に売り上げを伸ばしている。
　総じてE＋L製のガイド装置は精度が高く、また、センサは解像度が高いことに加え、シート表面の画像を二次元で捉えるこのカラーラインセンサは顧客に多くのメリットをもたらす。

2－1　エリアスキャンの優位性

　このセンサの最大の特徴は、エリアカメラ方式の採用にある。一般的なラインスキャン方式とは異なり、広く普及するビデオカメラと同様に、電源さえ入っていれば常に二次元の画像を操作画面に表示する。
　線ではなく面で捉えるので読み取る情報量が多く、例えばセンサの視野内に複数のラインが存在する場合においても設定したラインから別のラインへの飛び移りを回避できる。

写真1　カラーラインセンサと専用のタッチパネル

2－2　広い測定範囲

　カラーラインセンサの弱点として、ラインを見失うと制御不能になることが挙げられる。本製品は測定範囲を広くすることでその問題を解消し、シートの大きな蛇行にも対応。
　また、より広い範囲の画像をタッチパネルの液晶画面に表示できるので、どのラインを追っているのか一目瞭然。もちろんセットアップの際にも、その測定範囲の広さがラインの特定に役立つ。

2－3　透明フィルムの検出

　センサの感度が高く、透明なフィルムのエッジも検出できることから、エッジセンサが不要。

2－4　エキスパートモードによる検出

　単純ではっきりとしたラインやコントラストではなく、ターゲットの認識が困難なケースには、「エキスパートモード」への切り替えで対応する。

2-5 破線や文字列の制御

破線の場合は途中でラインが途切れると一時的にセンサがロック状態になるが、再びラインが検出されると制御を再開。

また、文字列や並んだマークを追従のターゲットとして認識させることも可能。実際に、ドットマークの制御にも利用されている。

2-6 コントラストエッジの制御

ラインだけでなく、ラインのエッジ制御も可能。

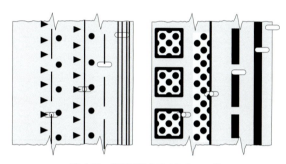

第1図　追従可能なラインやエッジ

2-7 光源の自動調整機能

周囲の環境や検出対象に合わせて、自動または手動で明るさを調整可能。また、偏光フィルター機能により、光沢のある素材にも対応。容易にラインを認識できる。

2-8 専用のタッチパネル

画面表示の切り替えにより、センサとウェブガイドの両方の直観的な操作が可能。

特に視覚的にセンサの状態を確認し、設定や操作ができることのメリットに加え、ウェブガイドのセットアップに便利なウィザードの機能が備えられている。

また、ジョブごとに設定の保存や管理が可能で、リピートオーダーに素早く対応。

必ずしもセンサと連結して使用する必要はなく、別の場所への設置も可能。例えば、アクセスしにくい位置に設置したカラーラインセンサを、離れた場所から操作できる。

2-9 コントロールボックスの柔軟な取り付け

タッチパネルと同様に、メインのコントロールボックスの設置位置にも柔軟に対応。例えば、機械の制御ボックスなどに収納できる。

2-10 アクチュエータのバリエーション

用途に応じ、様々なバリエーションの中から最適なアクチュエータの選択が可能。最大で20,000N迄の推力に対応する。

3. わずか3ステップでラインを記憶

タッチパネルにセンサからの画像が表示された状態からわずか3ステップで、追従のターゲットを記憶し、運転の準備を整えられる。

3-1 STEP1：見る

画面にラインなどのカラー画像を表示させた状態で、設定画面を開く。

シートを走行させる前の、停止した状態でも、画面にシートの画像が表示される。

写真2　ティーチングモードを開始

3-2 STEP2：選ぶ

画面上でラインやエッジが自動認識されるので、その中から追従のターゲットを選ぶ。

写真3　追従のターゲットを選択

3-3 STEP3：確定

画面の右下のチェックマークを押してターゲットを確定し、センサに記憶させる。

写真4　追従のターゲットを確定

4. おわりに

エリアカメラ方式のラインセンサを使用することで信頼性や視認性が大幅に向上したカラーラインセンサと、セットアップからセンサやウェブガイドの設定・操作までこなす進化したタッチパネルがラインアップに加わることで、従来のカラーラインセンサの常識を超える、思いがけない用途への可能性の扉が開かれた。

E+Lはソリューションプロバイダとして、ますます幅広いニーズに応え、問題解決に寄与していく。

【問い合わせ先】
エアハルト ライマー ジャパン㈱
〒224-0053　横浜市都筑区池辺町3365
TEL：045-276-3255

日工の知っておきたい小冊子
早わかり！GigE Vision インターフェース+製品ガイド

IEEE13944、PoCL-Lite、CameraLinkなど各種デジタルインタフェース規格について最新情報を提供すると共に各種規格に準拠した製品を紹介する。

■主な内容
- GigE Visionの今後の展開
- GigE Visionの仕様
- GigE Vision導入事例
- GigE Visionインタフェース対応製品 ガイド

■協力：日本インダストリアルイメージング協会

日本工業出版㈱　0120-974-250
http://www.nikko-pb.co.jp　netsale@nikko-pb.co.jp

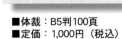

■体裁：B5判100頁
■定価：1,000円（税込）

NIKKO EXTRACT SERIES
現場サイドからみた RFIDの選定方法と使い方

「月刊自動認識」に連載された記事に、700／900MHz帯の周波数再編の情報を併せて提供。RFIDの実務や理解に役立つ内容となっている。

■主な内容
- RFIDの定義、原理、特徴、歴史
- RFIDの周波数別／方式別特徴と使い方
- 業界標準と国際標準と国内外の電波法
- 700／900MHz帯の周波数再編の詳細
- さまざまな業界での応用事例

日本工業出版㈱　0120-974-250
http://www.nikko-pb.co.jp　netsale@nikko-pb.co.jp

■著者：大塚　裕
　　　　豊島　基暢
■体裁：PDF 154頁判　CD-R
■定価：2,000円（税込）

ドライアイス洗浄の特性と設備洗浄への適用について

㈱グリーンテックジャパン

1. ドライアイス洗浄とは

<必要な機材>
- ドライアイス洗浄機
- メディア…3 mmのペレットタイプのドライアイス
- エアー…コンプレッサーによる圧縮空気（ゴミ・水分のないきれいな空気）

ショットブラストと同様にエアーでメディアであるドライアイスペレットを対象物に噴射し、付着物を剥離する。エアーのみで動く機種と、エアーと100 Vの電源を必要とする機種があり、後者はその使用範囲も広い。

<特徴>

① メリット
- 対象を傷つけにくい。メッキは剥離せず異物のみを除去。
- ドライアイスは昇華してなくなるため、回収の必要がない。
- 水を使用しないため、通電される設備の洗浄が可能。また洗浄後、ふき取り等の後処理が不要。
- ドライアイスの特性を使った高い洗浄能力。
- 環境に優しいこれからのECO洗浄（使用するドライアイスは火力発電所や化学プラントから排出される二酸化炭素を集めてリサイクルしたもの）。
- ドライアイスは汚染物質を含まないため食品産業などでも安心して使用できる。

② デメリット
- 洗浄時に騒音がある。
- 防爆エリアで使用できない（付着物が剥がれる際に静電気が発生する）。
- 完全に密閉された室内での洗浄は、酸欠ならびに二酸化炭素中毒になる恐れがあるため換気が必要。

ドライアイス洗浄の最大の特徴は使用するメディアのドライアイスが非常に柔らかく、対象面を傷つけにくいことにある。ドライアイス洗浄は他のブラスト工法のようにメディアによる衝撃力で汚れを取るのではなく、ドライアイス自身の2つの特性を使用している。それは

① －79 ℃の物体であること
② 昇華（気化）時に体積膨張すること

である。前者により、対象に当たった瞬間に表面温度が急激に低下し、熱収縮（サーマルショック）によって付着力を弱め、その後母材と付着物の間にドライアイスが入り込み、後者の体積膨張によってその隙間を広げて剥離を可能にしている。では実際に金型などに使用される特殊鋼（S55C）に衝撃力で汚れを取るガラスビーズ、アルミナでブラストした場合と、ドライアイスでブラストした場合の（圧力0.4 MPa）の拡大写真を示す。ドライアイス洗浄後は表面に変化が見られないが、ガラスビーズ→アルミナとメディアの硬度が上がるにつれて、母材への影響が大きくなっていることがはっきりとわかる。

2. ロール、乾燥炉、スクリュー、Tダイ、金型等への洗浄への適用

前項で上げたドライアイス洗浄の特性から、スクリュー、ロール、乾燥炉、Tダイ、金型などの洗浄に使用することが可能である。ここではもう少し掘り下げて使用するドライアイスについて言及したい。ドライアイス洗浄で使用するドライアイスは直径3 mmのペレットタイプを使用するが、剥離させたい付着物の特性や厚み、母材の硬度、表面の粗さによってペレットそのままを噴射するペレット洗浄か、ペレットを砕いて粉末状にして噴射するパウダー洗

写真1　試験前（210倍）

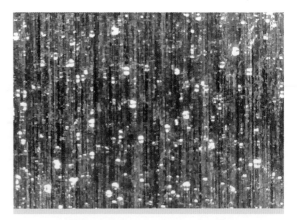

写真3　ガラスビーズブラスト（210倍）

写真2　ドライアイス洗浄後（210倍）

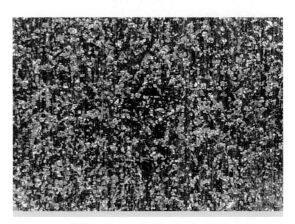

写真4　アルミナブラスト（210倍）

浄が選択できる。例えばスクリューを洗浄する場合は付着する樹脂が厚いことが多く、母材の硬度も硬いことから洗浄能力の高いペレット洗浄が選ばれる。逆にロール洗浄の場合は、表面の形状がなし地や精密で複雑な形状をしている場合が多く、母材の細かな形状に入り込めるようにパウダー洗浄が選ばれることが多い。かつ、ロールに付着しているものは樹脂系の塗料や、接着材、樹脂ヤニなど多種多様で洗浄能力を必要とするものが多いため、それに対応できる洗浄能力の高いパウダー洗浄が要求される。ドライアイスの粒径は細かくするほど汎用性が高くなるように思われがちだが、実は細かくすると対象に当たる前に気化してしまう率が上がり洗浄能力が下がる傾向にある。逆に洗浄能力を上げるために粒径を大きくしていくと細かな隙間に入り込まず本来の砕く意味を失ってしまう。当社のように洗浄機内でドライアイスを砕くタイプであれば洗浄対象物までのスピードを落とすことなく、かつ大きすぎず、小さすぎない適正な粒径のドライアイスパウダーをつくることができ、洗浄能力も確保することが可能となる。

また、ドライアイスは気化してなくなるため、乾燥炉の洗浄にも適している。他のブラスト方法では対象物を傷つけるだけでなく、メディアが残留して洗浄よりも回収に時間がかかる。高圧水洗浄の場合は洗浄後の拭き取りや、排水処理に費用がかかる。また溶剤によるふき取りも多いが、ドライアイス洗浄を一度見ていただくと作業者の負担や溶剤自体の残留にも注意を払わないといけないことから切り替えられるユーザーも多い。

更に金型の洗浄では超音波による洗浄も多いが、その場合は金型を成型機から降ろさなければならない（降ろすのが手間）、分解しなければならない（分解するのが手間）、大きすぎると洗浄できない（洗浄槽の大きさの問題）、洗浄後の洗浄液の処理や乾燥（時間がかかる）などの問題があげられる。ドライア

写真5　乾燥炉内のドライアイス洗浄

イス洗浄ではそれらの問題を一度に解決できる可能性がある洗浄方法で、特に大型の金型の洗浄では、設備に付けたまま成型面を洗浄し、金型表面に残渣も残らないためそのまま成型することも可能となり、大幅な時間短縮を見込むことができる。世の中には様々な洗浄方法があり、それぞれの特色がある。当社では無料デモにより工場に伺って試験洗浄を行っているので、これを機に興味を持っていただけたのであれば一度問い合わせいただきたい。

写真6　ドライアイス洗浄機　GT-310E

【問い合わせ先】

㈱グリーンテックジャパン
〒514-0834　三重県津市大倉19-1
TEL：059-223-0188
E-Mail：info@greentech-japan.co.jp

ターボ機械 —入門編—

ポンプ、送風機、圧縮機、水車、流体継手、トルクコンバータ、風車、真空ポンプについて動作原理、構造等容易に理解できるよう纏めた、ターボ機械の入門書。各章ごとに例題を設け、理解度を測れるようにしている。

■主な内容
● 流体のエネルギー利用とターボ機械　　● ターボ機械の性能と運転
● ターボ機械の構成要素と内部流れ　　● 代表的なターボ機械の形式、性能、特徴

日本工業出版㈱　0120-974-250
http://www.nikko-pb.co.jp/　netsale@nikko-pb.co.jp

■（一社）日本ターボ機械協会編
■体裁：B5判234頁
■定価：3,400円＋税

製品技術

最新型流路「メビウスマニホールド」

㈱クローレンジャパン　小山　勉

1. はじめに

クローレン社は、エポックマニホールドをさらに進化させた、画期的な流路を開発した。名称を『メビウスマニホールド』と呼ぶ。メビウスマニホールドの最大の特徴は、エポックマニホールドに比べて滞留時間を大幅に短縮しているということが上げられる。滞留時間が長いと焼けてしまう樹脂や、滞留時間が長いと物性が変化してしまう樹脂などに最適な流路であるといえる。また、ダイエンド部にかけて断面形状を小さくする際に接液面を曲線にしているので、流れる樹脂の粘度変化が少なくなり、幅方向の厚み精度がエポックマニホールドに比べて、より良くなるという特徴も併せ持っている。

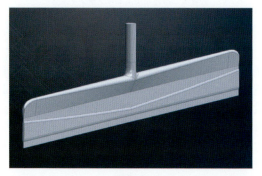

写真1

2. 原理

メビウスマニホールドは、幅方向位置の関数としてのマニホールド流路の移行角度の変化が、非線形になっている。その結果、漸減するマニホールド断面は、マニホールド高さ及び長さから独立して作ることができる。また、新しい三次元方程式により、流線型曲線、滞留時間、圧力損失値、各層厚みが最適化することが可能となった。さらに、マニホールドエンド部の流れが格段に良好となるだけでなく、均一な接液面積によりクラムシェル現象を低減するという効果も得られた。

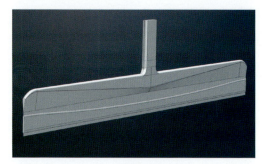

写真2

3. メビウスマニホールドの種類

メビウスマニホールドは、特定の樹脂プロセスの目標に合わせて、以下の形状を単独又は複数導入することが可能である。

- 断面漸減ティアドロップ型
- 断面漸減長方形型
- クロスオーバー型（長方形からティアドロップ

写真3

写真4

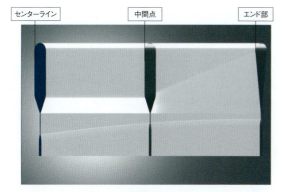

写真5

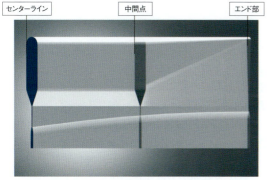

写真6

写真7

写真8

へ移行、またはその逆)
- 断面一定部と断面漸減部混成型

プロセス目標最適化の必要性に応じて、移行ゾーンの角度の変化に関連させて、高さ、タンジェント高さ、長さ、タンジェント長さ、フィレットR等を可変することができる。

4. 長方形メビウスマニホールド

メビウスマニホールドは、共押出アプリケーション向けとして際立った性能アップを図れる。メビウスマニホールドの流路は滞留時間を低減し、かつ各層の乱れを除去することが可能となる。特に流線型に配慮した流路設計と、一般的な断面漸減型マニホールドに比べて低い剪断応力値により、従来の共押出用マニホールドに比べて、格段に良い各層精度が得られる。

5. おわりに

メビウスマニホールド流路の利点をまとめると、以下のようになる。

- 断面一定のマニホールドに比べて、滞留時間が低減できる。
- 従来の断面漸減型マニホールドに比べて、低圧力損失値が得られる。
- ダイエンド部の樹脂の流れが格段に良好となる。
- 流動力学的設計による非線形二段階プレブランドにより、優れた流れ均一性が実現できる。
- 接液面積一定の構造で、クラムシェルによる不均等なダイの変形が減少できる。

【筆者紹介】

小山　勉
㈱クローレンジャパン　代表取締役
〒103-0013　東京都中央区日本橋人形町2-35-5
DJK人形町ビル4F

ドライアイス洗浄技術

COLD JET TECHNOLOGIES

1．Cold Jet について

　Cold Jetは1986年に米国オハイオ州で創業され、「ドライアイス洗浄機」と「ドライアイス製造機」の技術開発・機器販売を全世界に向けて実施している。創業当時は、アメリカ空軍の大型機械の洗浄や、塗装剥離用として主に使用されていたが、装置の大きさ等が懸念され、一般工業への導入は難しいものとされていた。

　しかし、1996年にNASAの航空宇宙技術が、Cold Jet製品に導入されたことをきっかけに、製品が大幅に小型化されただけではなく、騒音の削減、洗浄力の向上につながり、ドライアイスブラストを導入する企業も多様化してきた。その後、約30年の研究・販売実績の積み重ねにより、カナダ規格協会、ドイツTÜV規格、日本HPGCL規格の認定を受け、また、食品安全面では、米国農務省、米国食品医薬品局、環境保護庁のすべての指針に、Cold Jetのドライアイスブラスト機が準拠している。

　今では、当社は100社以上の代理販売店・委託業者を抱える、世界最大のドライアイス技術の企業となり、最大かつ安心の洗浄能力、低コスト、迅速なアフターケアにより、世界シェアNo.1を誇っている。

2．ドライアイス洗浄の特徴とは

　ドライアイス洗浄とは？ドライアイス（固形の二酸化炭素）を超音速で吹きつけることで、ドライアイスがぶつかった際に小爆発が発生し、その力で付着物を洗浄対象物から剥離させるという仕組みになっている。ドライアイス洗浄の特徴としては大きく三つにあげられる。

　まず一つ目は「非研磨洗浄」ということ。ドライアイス自体が非常に柔らかい物質のため、洗浄対象物の表面に傷をつけずに、かつ瞬時に洗浄が可能に

写真1

なることである。硬いメディアを使用するサンドブラストやショットブラストは、表面を研磨しながら洗浄するため、金型や精密機器を傷つけてしまう可能性があるので使用できず、従来は手作業によって時間をかけて洗浄するのが一般的であった。

　二つ目に挙げられるのが、「二次廃棄物を発生させない」という点。前述のサンドブラストや、ショットブラストでは、メディアが飛散してしまい、また、高圧水洗浄でも洗浄後の処理で施工後の回収が必須のため、結果的に洗浄時間が長くなってしまうことになる。その点、ドライアイスは洗浄後には昇華してしまうため、後に廃棄物が残らないだけではなく、水を使用しないため、錆等の発生する心配もない。また、今まで分解して洗浄していた部品も、分解せずに洗浄可能になったことで、大幅なダウンタイム短縮となる。

　最後の三つ目は、「人体にも環境にも優しい」ということ。薬品での洗浄は、長年多くの企業で使用されているが、施工者への健康被害や環境汚染等が問題視されており、近年多くの薬品が見直されてきて

いる。ドライアイス＝二酸化炭素をつくり出していると思われている方も少なくないと思われるが、実はドライアイスは工業生産の副産物である。薬品を使用しないので、施工者の健康面での不安もなく、地球環境にも優しいため、多方面での注目されているのがドライアイス洗浄なのである。

これらのメリットや高い安全性が注目され、現在では大手ゴムやプラスチック、飲食料、鋳造業、金属、溶接ライン、電子機器等、多業種の製造ラインに導入されている。

3. Cold Jet独自の技術―限界を超えたドライアイス洗浄

洗浄対象物の幅を大きく広げたCold Jet独自の技術の一つが、マイクロ粒子によるブラストである。ドライアイスブラストというと、ペレット（3 mm）を使用したブラストが一般的であるが、3 mm径のため細かい隙間に入り込むことが難しかったり、繊細な対象物に対して洗浄力が強すぎてしまうという難点もある。

その問題点を解決すべく試行錯誤を繰り返した結果、当社で開発したのが「シェーブ技術」である。この画期的な技術はブロックドライアイスをカキ氷のように切削し、約0.3 mmまで細かくするもので、このため、手の届かない箇所の洗浄はもちろんのこと、今までのペレットでは、洗浄できなかった目の細かいところまで洗浄可能になったのである。

たとえば、精密洗浄となるとペレットによる対象物への損傷が懸念されていた。そのため、ドライアイス洗浄は難しいとされていたのであるが、当社の特許取得済みの「シェーブ技術」を搭載したマイクロクリーンであれば、約0.3 mmのドライアイス（マイクロ粒子）を吹き付けるため、洗浄対象物への損傷の心配がないだけでなく、細かい目・隙間への洗浄も可能にしたのである。

また、シェーブ技術だけではなく、従来のペレットを使用した洗浄にも対応しており、広範囲の頑固な汚れに対しても実績を有している。

このように、あらゆる洗浄対象物やユーザーの抱える問題点に対し、数ある機械・ノズルやその他の条件の中から、最良のものを選択し、実践できる提案を行っている。

近年、アジアではさらにドライアイス洗浄が注目されており、洗浄効率向上や環境問題改善の面から、今後の普及スピードはさらに上がると考えられる。ゴム、プラスチックの金型洗浄、印刷業界、食品業界、精密洗浄等の対象物だけではなく、その他の新しいアプリケーションも増え続けており、同時にユーザーから要望やドライアイス技術に求めるレベルも高くなっている。

また、「これがほしい」というユーザーの要望に応えるだけではなく、「こんなのが欲しかった！」というユーザーの一歩先をいく、製品の提供ができるよう常に技術研究を行い、ドライアイス技術においてのリーダー企業として牽引していけるよう、Cold Jetは活動を続けていきたいと考えている。

(a) ペレット（3 mm）

(b) マイクロ粒子（0.3 mm）

写真2

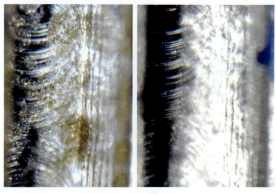

(a) 洗浄前（約250X）　　(b) 洗浄後（約250×）

写真3

写真4　マイクロクリーン

【問い合わせ先】
COLD JET TECHNOLOGIES
〒105-0014　東京都港区芝2-23-1　村中ビル1F
TEL：03-6869-2665
URL：http://www.coldjet.com

改訂版 デシカント空調システム
― 低温排熱利用による省エネ空調と快適空間の創造 ―

デシカント空調は、再利用しにくいとされていた低温排熱を利用し、適正な湿度を調整できる先端的な技術である。本書は、デシカント空調について技術面や市場動向を記すだけでなく、この分野に取り組もうとする皆様にも役に立つ分かりやすい内容。

■主な内容
●日本の気候と空調　●デシカント空調の事例・設計　●デシカント空調とは
●デシカント空調の市場と展望　●除湿と空調

日本工業出版(株)　0120-974-250
http://www.nikko-pb.co.jp／netsale@nikko-pb.co.jp

■編集：ヒートポンプ・蓄熱センター
　　　　低温排熱利用機器調査研究会
■体裁：A5判230頁
■定価：2,400円＋税

SMC社製マイクロウェーブ式乾燥機 MWDシリーズ
＜マイクロウェーブ波を用いた乾燥技術＞

㈱湘南貿易　土井　菜穂子

1．はじめに
マイクロウェーブ乾燥機MWDシリーズは今までの乾燥機の常識を覆す乾燥機である。

従来押出前の乾燥工程では熱風除湿乾燥機といったものが使用されていたが、今回当社が発表するのは熱風除湿乾燥機のような間接乾燥ではなく、マイクロウェーブにより直接乾燥させる乾燥機である。

2．マイクロウェーブ乾燥とは？
マイクロウェーブによる直接乾燥では、マイクロウェーブと水の波長が似ているという特徴を利用し、マイクロウェーブを受けたプラスチック樹脂に存在する水を共振させることによりプラスチック樹脂を内部から温めることが可能となる。これにより従来プラスチック樹脂を芯まで温めるのに要していた時間を大幅に短縮することが可能である。またプラスチック樹脂の内部が暖まり外部が冷たいことにより、水分を掻き出すための除湿エアーも不要となる。

3．マイクロウェーブ乾燥がもたらすメリット
3-1　乾燥時間の短縮
元々プラスチックは熱伝導性が悪い性質を持っており、従来の乾燥機では、たとえばPETでは8時間

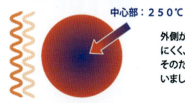

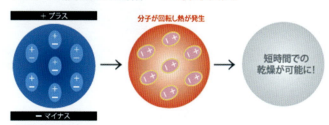

第1図　マイクロウェーブによる直接乾燥と熱風除湿乾燥機のような間接乾燥の違い

第1表　マイクロウェーブ乾燥機と除湿乾燥機との比較表
前提条件：
未結晶PET使用
初期水分率2,000ppm
目標水分率200ppm
処理量　200 kg/h

比較アイテム	SMC社製マイクロウェーブ乾燥機	従来の除湿乾燥機
乾燥時間	1時間以内	4時間程度
	材料を直接乾燥させるため、乾燥時間が従来と比較して飛躍的に早くなる。	空気を暖めて、その空気で樹脂を温める間接加熱のため乾燥時間が長い。
スタートアップ時間	1時間程度	4時間程度
	乾燥時間が短いため、乾燥を開始してから成形機を生産させるための時間が早くなる。	乾燥時間がかかるため、乾燥を開始してから成形機を運転させるまで4時間程度かかる。
装置スペース	少ない	多い
	1時間程度で乾燥させることができるため、200 kg/hの乾燥機であれば200 kg程度樹脂を仕込めるだけのスペースで設置可能。	200 kg/hの乾燥機であれば、800 kg程度樹脂を仕込むスペースが必要となる。
省エネルギー	60〜80 W/h/kg	200 W/h/kg
	直接乾燥のためエネルギー効率に優れている。処理量が増えてくると、その差は大きくなる。	間接加熱のためエネルギー効率がよくない。
結晶化	可能	不可能、要結晶化装置
	乾燥機と同時に結晶化が可能なため、別途結晶化装置を用意する必用がない。	乾燥機能だけのため、結晶化が必要な場合は結晶化装置を用意する必要がある。
酸化	少ない	多い
	1 kg当たり、1 Nm³/air。乾燥時間が短いため、樹脂が酸素に触れる時間を少なくすることが可能。それにより酸化劣化を防ぐ。またオプションで窒素パージも可能。	1 kg当たり2.5〜4 Nm³/air。乾燥時間が長くなるため、樹脂か酸素に触れる時間も長くなり、樹脂の酸化劣化も多くなる。

という長い時間乾燥させなければならなかったが、本マイクロウェーブ乾燥機では乾燥時間を1時間程度まで短縮することができる。

3-2　省エネ

マイクロウェーブ乾燥は、後工程となる成形機のエネルギー効率化が良い為、従来の熱風除湿乾燥機が200 w/h/kg程なのに対し、60〜80 w/h/kgまで消費電力量を少なく済ませることができる。また、乾燥時間を大幅に短縮できるだけでなく、立ち上げに係る時間も常温の状態から60〜90分にまで短縮することができるので、その分消費する電気代も削減することができる。

3-3　酸化劣化の防止

乾燥時間が短くなる分、原料が酸素に触れる時間も削減することができる。それにより従来の熱風除湿乾燥機は1 kg当たり2.5〜4 Nm³/airなのに対し、本装置は1 Nm³/airしか酸素と接することがなく、酸化劣化を低減することができる。

3-4　その他の特徴－IVの維持、結晶化

本装置は投入時と乾燥後の原料のIV値が変わらない。また、結晶化も同時に行うことが可能である。

写真1　マイクロウェーブ乾燥機外観

連続等投入式で、乾燥時間が短くて済むことから、装置の設計も従来の機械に比べ省スペースとなっている。結晶化装置を別で用意する必要がないので、その点でもスペースを少なくすませることができる。

写真2　対象原料

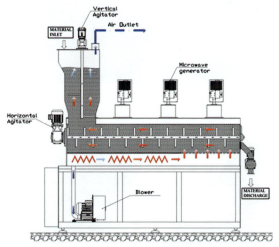

第2図　マイクロウェーブ乾燥機のフロー図

5. おわりに：今後の展開

繊維、フィルム、ブロー成型、リサイクル品等が既存用途としては考えられるが、それ以外の用途にも幅広く対応予定である。

4. 仕様

4-1　対象原料

用途としては、バージンPET、PA、PBTは勿論のこと、ボトルフレークやエッジトリムといった再生PETの乾燥にも対応可能である（嵩比重で250～850 kg/m^{3}に対応）。

4-2　処理能力

250～1,200 kg/hまでのモデルを用意している。

【問い合わせ先】

㈱湘南貿易　機械事業部

〒220-0004　横浜市西区北幸2-15-1
　　　　　　東武横浜第二ビル5F
TEL：045-317-9378　　FAX：045-317-9377
URL：http://www.shonantrading.com
E-Mail：mc@shonantrading.com

製品技術

押出ラミネーター用密閉型AC液塗工装置
＜SMART CHAMBER＞

住友重機械モダン㈱　長谷川　満

1．はじめに

従来の押出ラミネーターでの生産において、ACコーター（アンカーコート剤の塗工装置）は周知の問題を長らく抱えていた。

① AC剤塗工時の液の飛散による生産速度の制約
② 有機溶剤のVOC（有機性揮発化合物）発生によるオペレーターへの負担や対外環境悪化の懸念
③ 跳ねたAC剤の装置への固着による清掃の困難さ

①については今まで機械スペックがフルに発揮できなかった事を意味し、②については今の時代の人材採用や環境問題を困難にし、③については次の生産までの停止時間を長くし操業の損失を増幅させていた。

これらの問題を解決すべく押出ラミネーター用密閉型塗工装置「スマートチャンバー　DC1」を開発、ユーザーの多大なる協力のもと改良を重ね、今年より販売を開始した。

従来より密閉型塗工装置（通称ドクターチャンバー）は印刷機やコーター等に存在していたが、押出ラミネーター用AC剤の様な低粘度の液はロールとチャンバー部との僅かな隙間から流れ出て塗工が困難とされていた。

写真1

写真2

2．特長

当社が販売しているスマートチャンバーは、水の様な低粘度の液でも漏れや飛散の発生が無く、また独自のサイドシール機構により速度400 m/minの超高速域での塗工を可能としている。従来のオープンパン方式に比べ運転時の室内へのVOC発生量が18.5％低減され、AC剤の循環装置自体も密閉構造としている為、対外環境や作業環境の改善が大きく図られる。

液の飛散が無いためACコーター内の掃除頻度が非常に少なく、また自動洗浄モードがあり洗浄用タンクに付け替えるだけでグラビアロール表面、循環

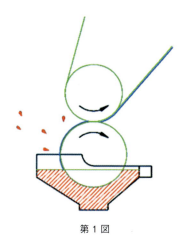 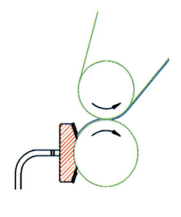

第1図　　　　　　　　　第2図

経路内の洗浄が15分程度で終了するので、小ロット生産にも対応するという事も大きな特徴の一つである。

その他にグラビアロール目やドクターブレードの寿命が従来ドクター方式に比べ50％以上延長、全て導電性部品を採用した静電気対策、溶剤使用量の低減、ドクターブレードのセッティングの再現性を有する等、多くのメリットを有する商品となった。

販売に関しては当社機であれば全てに設置可能で、密閉型循環装置や洗浄用タンク、専用グラビアロールを含めたトータルシステムとして対応している。

現在、国内では環境改善対応として、海外では実生産速度400 m/minの軟包装用装置等で使用して頂いている。

【問い合わせ先】

住友重機械モダン㈱
　営業部業務グループ
　〒223-8511　横浜市港北区新吉田東8-32-16
　TEL：045-547-7711

新・初歩と実用のバルブ講座

1983年の初版以降、第7版目。今回の改訂では「バルブを知るための準備」と題した章も設け、技術系以外の方や、バルブを専門としない方にもよりわかりやすい内容となっている。

■主な内容
- バルブを知るための準備
- バルブができるまで
- バルブの基礎知識
- バルブの利用
- 用途別バルブ
- バルブの市場(世界と日本)と国内流通

日本工業出版㈱　0120-974-250
http://www.nikko-pb.co.jp/　netsale@nikko-pb.co.jp

■体裁：A5判448頁
■定価：3,500円＋税

製品技術

押出ラミネーター用空圧式自動偏肉制御Tダイ
＜SMART FLIPPER＞

住友重機械モダン㈱　中野　勝之

　生産現場における多品種・小ロット生産を反映して、品種変更時の段取り替え時に発生するロス低減等の生産効率向上に貢献すべく、当社は1995年以降押出ラミネーター用途に独自機構の空圧式アクチュエーターを搭載した自動リップ偏肉調整Tダイシステムを市場投入してきた。本機構のTダイのスリット開度変更は数秒と高速で行え、かつ高い再現性が実現できることから、システムの偏肉調整時間を数分と短時間で行える特長を有している。

　今回、多くのユーザー様からのご要望の声を反映し、アクチュエーター機構の一新とダイボディー形状のスリム化、および高度な制御技術を結集した新しい空圧式自動偏肉制御Tダイ「SMART FLIPPER」を開発上市した。

　第1表に従来型と新型の主要相違項目を示す。新型は、従来型よりも広範囲レンジの成形対応と、精密な偏肉調整が可能な仕様となっている。

　作動が正確で敏速といった特徴を有する空圧駆動方式のアクチュエーターをさらに進化させたことにより、リップ変形機構が偏肉制御指令に瞬時に応答する「高応答性」、熱環境に影響されない空圧駆動方式で常に安定した膜厚プロファイルを維持できる「高再現性」と「安定性」により、生産現場における生産効率向上により大きく貢献できることを期待している。

写真1　空圧式自動偏肉制御Tダイ「SMART FLIPPER」

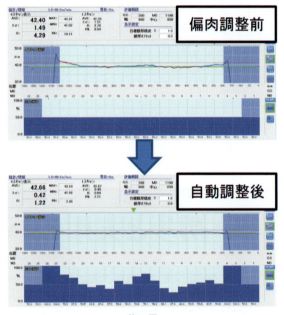

第1図

第1表

主要項目	従来型	新型	新型利点
エアギャップMin. φ600冷却ロール時	140 mm	110 mm	トリミングロス低減 特殊樹脂対応
リップ作動方向	PUSH only	PUSH& PULL	精密な偏肉調整可能
リップ駆動量	−	従来型の約2倍	偏肉調整範囲の拡大
リップヒーター	板型	丸型	溶融樹脂温度保持向上

【問い合わせ先】

住友重機械モダン㈱
〒223-8511　横浜市港北区新吉田東8-32-16
TEL：045-547-7711

製品技術

資格・管理区域不要のβ線厚さ計

ナノグレイ㈱ 宮下 拓

1．はじめに（優れた計測法）

β線厚さ計は、1954年に我が国で最も古い放射線式厚さ計として実用化された[1]。その後、非接触の厚み計測の目的でフィルムの厚み計測などに広く使用されてきた。

β線厚さ計は、

① 測定対象物の化学構造や元素種に依存しないので、1つの校正曲線で測定できる。
② 着色や添加物があっても測定可能。
③ ラジオアイソトープは自然に放射線を発生させるので、X線管や赤外線などのように突然切れることがない。

など非常にシンプルで安定した測定ができ、他方式にない特徴を持っている。

2．放射線源の管理および安全性

このように優れた計測法でありながら、使用に際して放射線取扱主任者の選任や管理区域の設定を始めとして、導入前の手続き及び使用中の管理が煩雑であり、それが理由で導入をためらう事業所も多いと聞く。1994年ラジオアイソトープを使用しないフィルム用X線厚さ計が我が国でも実用化され[1]、放射線管理が簡易であるなどの理由から、フィルム用途を中心にβ線厚さ計離れを加速させた。事業所によっては、ラジオアイソトープを使った計測器を一切使わないと始めから決めているところも増えている。

β線厚さ計の安全性については

① β線厚さ計から漏れる放射線の内、管理区域レベルを超えるのは通常線源から数cm以内にとどまる。
② 作業者が線源近傍にいるのは、わずかな時間であるのが通常。

など作業者の被曝は一般人の公衆被曝限度より遥かに低いレベルにとどまるはずである。

3．新しいβ線厚さ計

ラジオアイソトープの使用について国際基準に合わせようとする流れから、2005年に文部科学省[2]により設計認証制度が創設され、ラジオアイソトープの安全性の認証を受けた機器については、「表示付認証機器」として、資格や管理区域の設定無しに使用できることになった。我々は、この制度を当社のすべてのラジオアイソトープ応用製品に適用し、2009年にβ線厚さ計の認証を業界で初めて取得した。これにより、放射線管理の問題は解消し、β線厚さ計は、他の計測方式と同じ土俵にのる道が開かれた。もともと、β線厚さ計は優れた計測方法なので、放射線管理の問題が解消し同じ土俵にのれば、再び評価され利用が増えていくはずである。実際、我々の表示付認証機器β線厚さ計の販売は増加している。

4．表示付認証機器β線厚さ計

当社β線厚さ計SB-1100（写真1）の仕様の概要は以下の通りである（第1表）。従来のβ線厚さ計に比べて、性能に遜色はない。表示付認証機器であるSB-1100は、資格や管理区域の設定は必要ないが、使用の条件などが定められている。使用の条件は

① 同一の者が年間2,000時間を超えて本機器の表面から50 cm以内に近づかないようにすること
② 本機器のベータ線を使用しない時又はベータ線ビームの直下に手などを挿入する必要がある時には、必ずシャッターを閉じること

の2点である。この2,000時間という時間的制約は、法定労働時間の限度に近いので実質的に管理不要と言える。つまり、実質的な使用上の注意は、シャッ

写真 1

第 1 表

項目	仕様	
測定方法	β線透過方式	
線源核種	Pm-147	Kr-85
認証番号	セ114 （表示付認証機器）	セ152 （表示付認証機器）
測定ピッチ	可変	
測定範囲	$0 \sim 200 \text{ g/m}^2$	$100 \sim 1{,}300 \text{ g/m}^2$

＜参考文献＞
(1) 日本電気計測機工業会
　http://www.jemima.or.jp/tech/ 50102.html
(2) 現在は、原子力規制委員会に移管。

ターの開閉のみである。その他、当社の専用容器を使用することにより、線源ユニットを混載便で運送することが可能である。粘着剤シート、フィルム、不織布、多層押出フィルムの厚み（坪量）管理に広く採用されている。

【問い合わせ先】

ナノグレイ㈱
〒562-0035　大阪府箕面市船場東1-11-16
　　ワイズピア箕面船場ビル
　TEL：072-726-4000

製品技術

HASL/Flow Simulator Series
＜プラスチック押出成形用シミュレーションソフトウェア＞

㈱HASL　谷藤　眞一郎

1．はじめに

当社（Hyper Advanced Simulation Laboratory）では、成形技術者が、容易に運用可能で且つ短時間内に有益な情報を得ることが可能なプラスチック押出成形用シミュレーションソフトウェアの開発販売に取組んでいる。当社ソフトウェアでは、汎用性を重視するのでは無く、問題を限定することで、運用の容易さと計算処理の速さを追求している。解析に際して、技術者を最も煩わす作業は、解析対象物のモデル化作業である。

当社ソフトウェアに実装されているテンプレート（雛形）と呼ぶツールを利用し、解析対象物の寸法を把握している技術者であれば、誰もが容易に解析モデルを作成可能である。また、射出成形CAE分野で長年培われてきた薄肉流れ近似と呼ばれる解法を更に改良・進化させることで短時間内に解析結果が得られる高速演算を実現している。以下に、これら実用的ソフトウェアについて紹介する。

2．コートハンガーダイ専用解析プログラム Flat Simulator

コートハンガーダイの性能を把握する上で重要な情報となる圧力、せん断応力、流速／流量、温度、滞留時間、フィルム肉厚、粒子軌跡などの解析結果を短時間で得ることが可能である。ダイ流出後のフィルム肉厚を均一にするためのダイクリアランスやヒーター設定の最適化制御条件の推定が可能である（第1図）。

3．スパイラルマンドレルダイ
　　専用解析プログラムSpiral Simulator

スパイラルマンドレルダイの性能を把握する上で重要な情報となる圧力、せん断応力、流速／流量、

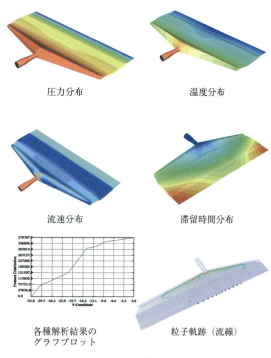

圧力分布　　　　　温度分布

流速分布　　　　　滞留時間分布

各種解析結果の　　粒子軌跡（流線）
グラフプロット

第1図

温度、滞留時間、フィルム肉厚、粒子軌跡などの解析結果を短時間で得ることが可能である。スパイラル流路に沿う主流とその側面への漏洩、側面からの合流を的確に定量化し、ウェルドの形成状態を可視化する（第2図）。

3．三次元高粘性流体FEM解析プログラム
　　Flow Simulator 3D

多層フィルムの製造プロセスや異型押出プロセスを解析対象とする場合、単層コートハンガーダイやスパイラルマンドレルダイの解析で効力を発揮した薄肉流れ近似を利用することが適わず、三次元解析

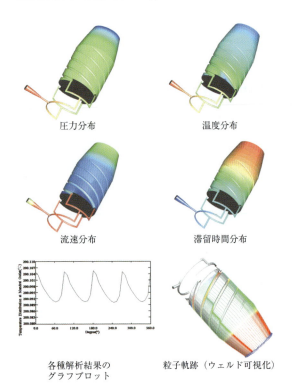

第 2 図

3-1 適用例1)
多層フィードブロックやマルチマニフォールドダイを利用して製造される多層フィルムの熱流動状態や各層の厚み分布の評価及び層厚を均一化するための最適化制御条件の推定が可能である（第3図）。

3-2 適用例2)
異型押出で製造される押出物の形状予測（順解析）及び指定形状の押出物を製造するために適するダイ流出断面形状の予測（逆解析）が可能である（第4図）。

4. スクリュ押出機用解析プログラム Single Screw Simulator, Twin Screw Simulator

プラスチック成形加工の最上流側に配置される単軸及び二軸スクリュ押出機内の複雑な成形現象を定量化可能な専用ソフトウェアを上梓している。

Single Screw Simulatorは、ペレットが固体状態が必要になる。当ソフトウェアは、FEMに基づき三次元流体支配方程式を忠実に解析することで成形現象を定量化する。

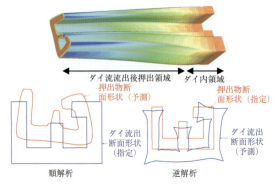

第 4 図　異型押出プロセス解析例

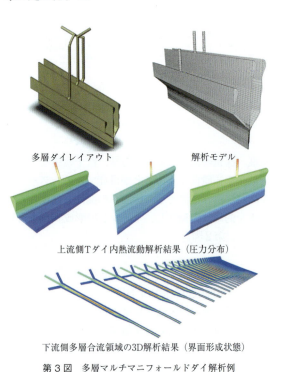

第 3 図　多層マルチマニフォールドダイ解析例

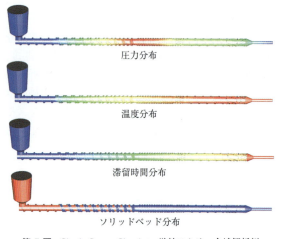

第 5 図　Single Screw Simulator単軸スクリュ全域解析例

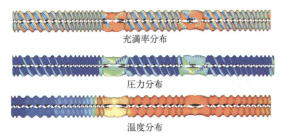

第6図 Twin Screw Simulator 2軸スクリュ全域解析例

（上から）充満率分布／圧力分布／温度分布

で搬送される固体輸送領域、固体ソリッドと溶融体が共存する溶融可塑化領域、及び溶融体がスクリュ牽引と圧力勾配によって輸送される計量領域を一貫して解析可能（第5図）。

また、Twin Screw Simulatorでは、独自の工夫を採用することで、従来、連続体を前提とした解法では、定量化が難しいとされてきた未充満状態を予測する斬新な解析法を実用化している（第6図）。

【問い合わせ先】

㈱HASL
〒177-0041　東京都練馬区石神井町3-30-23
　　　　　　 石神井ウェスト201
TEL：03-5923-6988
URL：http://www.hasl.co.jp

日工の知っておきたい小冊子
マシンビジョンカメラの
デジタルインターフェース
選択のポイント＋製品ガイド

IEEE 13944、PoCL-Lite、CameraLinkなど各種デジタルインタフェース規格について最新情報を提供すると共に各種規格に準拠した製品を紹介する。

■主な内容
- UHF帯RFIDの電波法改正の経緯
- 周波数再編における技術的検討内容
- 新920MHz帯電波法移行への道
- 移行への作業
- 周波数移行のスケジュール
- 機器・RFタグ類入れ替え注意点
- 920MHz RFIDシステムQ&A
　－ユーザ・ベンダ対応編－

日本工業出版㈱　0120-974-250
http://www.nikko-pb.co.jp/　netsale@nikko-pb.co.jp

■体裁：B5判100頁
■定価：1,000円（税込）

圧力設備の破損モードと応力

圧力設備に係る技術者が知っておくべき圧力設備とその破損の種類について、日揮㈱のチーフエンジニア、佐藤拓哉氏が貴重な現場経験から得られた事例とともに解説。

■主な内容
- 圧力設備の破損モード
- 延性破断
- 脆性破壊
- クリープ破断

日本工業出版㈱　0120-974-250
http://www.nikko-pb.co.jp/　netsale@nikko-pb.co.jp

■著者：佐藤拓哉
■体裁：A5判200頁
■定価：3,000円＋税

製品技術

金属弾性ロール（UFロール）の
フィルム・シート成形法

日立造船㈱　プラスチック機械営業部

1．はじめに

近年、スマートフォンに代表される高機能端末、FPD、燃料電池、太陽電池など様々な分野で高機能シート・フィルムが求められている。また、その品質要求も日増しに高いものになっている。

当社では、主として押出ロール成形法によるフィルム・シート製造装置で多くの実績を有している。これまでには金属弾性ロール（UFロール）を用いたロール圧着成形法により、低歪、厚み精度と平滑性に優れ、ゲル・異物極少の光学フィルム成形法の基本技術を確立した。

本稿では、金属弾性ロールによる最新成形法の特長について紹介する。

2．金属弾性ロール（UFロール）の成形法の特長

2-1　高剛性金属ロールによるメルトバンク成形法

高剛性金属ロール圧着成形において、ダイから流出した溶融シートはNo.1ロールとNo.2ロール間で高線圧にて挟圧され、メルトバンクを作ることができる。これをバンク成形という。メルトバンクはシートが薄くなるほど小さくしなくてはいけないという傾向がある。

2-2　UFロールによるノンバンク成形

光学用フィルムや高耐熱機能性フィルム製品に対しては、ロール間隙（製品厚みに近い）が小さい為、メルトバンクを大きくすることができない。更に溶融樹脂特性にかかわらず、低残留歪（30 nm以下さらに言うと10 nm以下）を求められるので、バンク成形と言う概念を捨てなければならない。ノンバンク成形の例としてまずキャスト成形を挙げることができる。キャスト成形は非圧着成形のためフィルムの

写真1

表面平滑性は悪い。また、ゴムロールの圧着成形では低歪は実現できるものの、ゴム表面がフィルムに転写されるため、平滑性・透明性が劣るという問題を解決できなかった。

しかし、当社の金属弾性ロール（UFロール）は、金属ロールでありながら外筒を薄くし、ゴムロールのように弾性変形を大きくすることで、薄いフィルムでも低線圧でロール圧着成形できるようにしたことから、両表面平滑性・透明性に優れ、また低残留歪のフィルム製品が得られる。このUFロールによる圧着成形をノンバンク成形と呼んでいる。

UFロールの基本構造を第1図に示す。有限要素解析シミュレーションでは、線圧20〜30 N/mmで第2図に示すように、ゴムロール同様の大きな弾性変形を起こし、接触長さは10〜12 mmが得られたが、実際には1/2程度と小さい。それでも従来の金属ロールに比較して顕著な差があり、低線圧にてロール圧着成形が可能であり、複屈折を起こしやすく歪が残りやすいPCでも、10 nm以下の位相差を得ることができる。

また、特出すべき他の効果として、透明ゲルが多

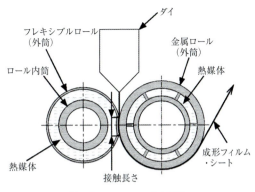

第1図　UFロール基本構造

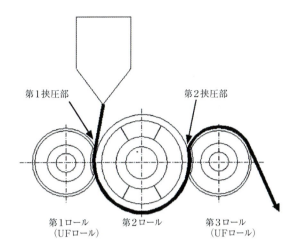

第3図　W-UF成形概略

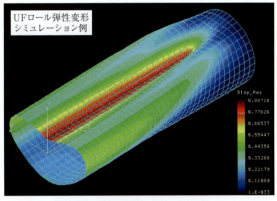

第2図　有限要素解析シミュレーション

少フィルム表面にある場合、UFロール圧着により内部に閉じ込め、表面性を改善する効果も有している。

2-3　W-UFロール成形

一般的なシート成形においてさらなる外観向上・性能向上・付加価値向上のため、比較的鏡面の転写しにくいシート裏面（No.1ロール側）をNo.3ロールでさらに圧着する成形法がよく用いられている。

本技術は、第3図のように第1狭圧部、第2狭圧部共にUFロールを用いることにより、第2狭圧部の線圧を50 N/mm以下に落としても、300～1,000 μm（主に500 μm前後）の両鏡面シート・フィルムを容易に得られることを特長としている。

薄肉シート成形の場合、圧着時の条件（シート厚みに対するロールギャップ（狭圧部隙間）の管理）が厳密である第2狭圧部において、UFロールを使用することで、第2狭圧部の適正条件範囲を広くとれるようになり、操作性の改善、生産性の向上が期待できる成形方法である。また、透明PPシートの成形などでも透明性の向上に効果を発揮している。

2-4　UFロールによる高耐熱・高機能フィルム成形法

高耐熱・高機能フィルム成形にUFロールを活用できないかというユーザーの要望に対応し、当社工場にて押出機からダイまで450 ℃、成形ロールが300 ℃まで対応可能なテスト装置を開発し、テスト可能な状況になっている。

UFロール成形法では、No.1ロール（UFロール）の温度を高温域で任意に温調可能であり、周囲環境の影響を小さく抑えつつ、両表面が鏡面・平滑で薄いフィルム成形が可能となる。このような高温成形性を応用すると、No.1ロールとNo.2ロールの温度を中心に高温に設定しPEEKのような結晶性樹脂の結晶化度をインラインで高めることも可能である。

【問い合わせ先】

日立造船㈱
プラスチック機械営業部
東京グループ
〒140-0013　東京都品川区南大井6-26-3
　　　　　　大森ベルポートD館14F
TEL：03-6404-0172
大阪グループ
〒551-0022　大阪市大正区船町2-2-11
TEL：06-6551-9550

製品技術

連続フィルム厚み測定機
＜高精度の連続厚み測定機をカスタマイズ化、幅広い厚みや素材に対応＞

㈱フジワーク　林　勝也

1．はじめに

当社では、分解能0.1 μm以上の高精度測定を可能にした「連続フィルム厚み測定機」が成長を続けており、機能性フィルムなどの研究・開発・製造に必要な測定機器として認知を広げている。作業性の高さが評価され国内大手フィルムメーカーへの出荷実績がさらに新たな需要へ繋がり、販売台数を伸ばしている。

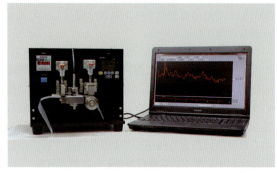

写真1　連続厚み測定機model：S-2270

2．概要

コンパクト機「model：S-2270」は、フィルムをセットするだけで簡単に連続した厚み測定を可能にする。測定可能なフィルム厚みは10～1,000 μm。専用ソフトウエアによるチャート表示・統計処理・データ保存処理が可能で、ソフトウエアのカスタマイズも行え、パソコンでの制御を可能としている。

主な仕様は、繰り返し精度0.2 μm（リフターによる測定子の上下繰り返し）、測定分解能0.1 μm、表示器を内蔵したコンパクト設計。形状は、高さ260×幅300×奥行き291 mm。電源はAC100 V。オプションとして交換用測定子などがある。

3．特長

ハイエンド機「model：S-2268」は、高精度プローブとアンプユニットを用いて高精度測定が可能である。

写真2　連続厚み測定機model：S-2268

製造ラインから切り出してきたフィルムをセットするだけで連続した厚み測定を可能にする。高精度差動トランス式プローブとアンプの組み合わせにより、微小な変位の測定記録が可能。主な仕様は、繰り返し精度0.05 μm（リフターによる測定子の上下繰り返し）、測定分解能0.01 μm。測定圧の変更が可能。本体はアンプユニット、プローブの構成となっている。

形状は、高さ260×幅300×奥行き334 mm。電源はAC100 V。オプションとして専用ソフトウエア、交換用測定子などがある。

当社は「連続フィルム厚み測定機」のカスタマイズ化を進めており、顧客の要望に応えた「薄物対応型」、「厚物対応型」、「貼り付き易い素材対応型」の3タイプを新たに開発し、多様なフィルムの測定を可能にした。

フィルムをセットするだけで連続測定が可能という作業性の高さで各フィルムメーカーでの導入実績を伸ばす中、顧客の声をもとに、さらに細やかな対応を可能にするカスタマイズ仕様を提案する。

「薄物対応型」は、テーブル・測定子を変更することで、以前は困難だった3μmからの薄いフィルムの安定した測定を実現。特にフィルムの研究開発の現場で要求される高度な計測機能を可能にした。

「厚物対応型」は、作業中にうねりが出やすく測定が安定しにくい厚物フィルムの押さえ機構を変更することで1,000μmまでの厚いフィルムの安定した測定を実現した。

「貼り付き易い素材対応型」は、付着しやすいフィルムなど機材に貼り付いて測定しにくい素材を、テーブルや測定子の変更により、フィルムの送りをスムーズにすることで安定した測定を可能にした。

検査項目なども顧客の仕様に合わせた設定が可能で、顧客の用途に応じた検査を実現する。

従来通り、測定データはそのまま専用ソフトウエアでチャート表示・統計処理・保存処理が可能。

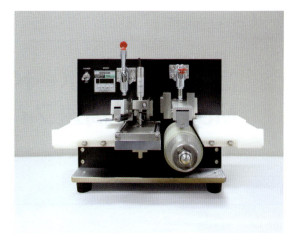

写真5　貼り付き易い素材対応型フィルムテスター

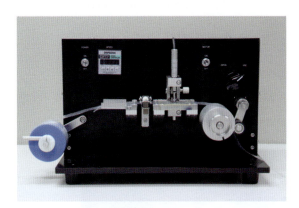

写真3　薄物対応型フィルムテスター

写真4　厚物対応型フィルムテスター

「S-2268」はレコーダー、データロガー、パソコンなど仕様に合わせたデータ取り込み方法を選択でき、「S-2270」はシリアル出力したデータをパソコンに取り込み表示する。このデータを活用した最適な検査や品質管理により、フィルム製品の品質向上に貢献している。

この当社製の連続厚み測定機は、フィルム以外の素材の金属箔・金属板・プラスチック板・ガラス板などの幅広い素材や厚みに対応しており、顧客ニーズに応えるカスタマイズ化を実現する。

【問い合わせ先】

㈱フジワーク
エンジニアリング本部　製品開発事業部
〒569-0803　大阪府高槻市高槻町11-2
TEL：072-682-3875
URL：http://www.fujiwork.co.jp/technica/

高速画像処理ボードによる
Mujiken+高速フィルム外観検査技術

SZ09-06

㈱ニレコ　曽我　亮一

1．はじめに：
無地表面検査装置「Mujiken+」

無地表面検査装置「Mujiken+」はフィルムの外観検査を高速で行う装置である。ラインセンサカメラを用いてウエブの全面外観検査を行い、異物・ピンホール・フィッシュアイ・スジ等の検出が可能である。高機能フィルム、PETフィルム、軟包材、ディスプレイシート等様々なウエブの検査に用いられる。通常20～100 um程度の欠点から検出可能である。高機能フィルムの検査要求はここ数年で非常に厳しくなっている。どこに欠点があるのか分からないような、小さく明るさの違いが少ない欠点を検出する必要があるケースが多々ある。欠点は異物、フィッシュアイ、スジなどからムラ、焦げ、凹凸等様々であり、各欠点により最終製品に与える影響が異なるために、欠点の種別毎の大きさ判定が細かく設定されている。欠点の判定は幅、長さ、面積、形状、濃度情報などを元に行われるが、これらのパラメータをフル活用して細かく欠点の重大度を判断しているケースが多くなってきたと感じる。当社の装置は、元々ラボ向けの汎用画像解析装置をベースにインラインでの高速検査を行えるように発展させてきた経緯もあり、欠点の特徴量の計測に非常に強い。

2．システム構成

無地表面検査装置「Mujiken+」とはシステムは第1図のような構成となる。生産ライン上のウエブの幅方向にラインセンサカメラが並び、ウエブ全面

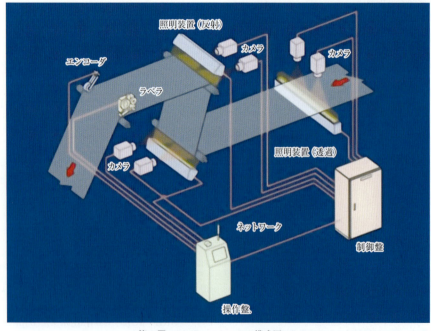

第1図　Mujiken+システム構成図

をリアルタイムで検査を行う。エンコーダに同期して画像を取り込むため、ライン速度の変動に左右されない。

制御盤はMujiken+（写真1）とMujiken+TypeS（写真2）、Mujiken+LT（写真3）の3種類から選択可能である。Mujiken+はフィルム幅が広く、精密な検査が要求され、カメラ台数が多いシステムに用いられる。Mujiken+TypeSは卓上型であり、カメラ台数が限定された中小システムに用いられる。TypeSではモニタを2台接続することが可能である。1つのモニタで欠点マップを確認し、もう1つ

写真3　Mujiken+TypeS

のモニタで欠点画像を大きく表示させるなどといった使い方が可能である。Mujiken+LTはPCラックや作業台上に設置可能なタイプである。この中に画像処理ボードや照明電源など全てのユニットが含まれている。コンピュータ部品は別据付けとなる為、クリーンルームや通常室内の環境での使用を想定している。どの機種も検査プラットフォームは同一仕様となり、検査性能は変わらないことが特徴である。

3．製品の特長

製品の特長として、検査能力の向上や2画面表示機能がある。欠点検出回路はスジ欠点と薄汚れ欠点の専用検出回路を強化し検出力を高めた。第2図と第3図はスジ欠点と薄汚れ欠点の一例となる。スジ欠点は地合との明度差が非常に小さいが流れ方向に沿って発生する特徴がある。その特徴をつかみ、画像のノイズを除去し欠点部のみ強調させる画像処理を施す。薄汚れ欠点は地合との明度差が非常に小さく、1画素20〜100 umのミクロ視点では検出が難しい。欠点のレベルに検出レベルを設定しただけでは過検出になってしまう。目視検査員はこのような欠点を遠目から観察したり、斜めから見たりして発見している。検査装置でも同様に遠目からの視野で欠点検出を行える回路を更に強化することで検出力を改善した。

処理ボードとホストコンピュータ間は光ケーブルで接続し、光通信の強力なデータ転送力を用いることで、フィルム幅が広く多くのカメラ台数を必要とするシステムにおいてもシンプルなシステム構成で対応できる。

写真1　Mujiken+操作盤

写真2　Mujiken+TypeS操作盤

第2図　スジ欠点

第3図　薄汚れ欠点

ウエブ幅が広いとカメラが何台も並ぶことになるが、当社ではシンプルなシステム構成が可能である。全て専用画像処理基板で構成され、各基板とメインコンピュータは光ネットワークで接続される。「Mujiken+」では最新鋭のコンピュータを搭載し、高速データ処理を可能としている。このように、「Mujiken+」ではカメラ、処理基板、コンピュータといった主要な構成部品を非常にパワフルにしたことで、従来にない検査能力を実現した。

2画面モニタでは、メインモニタに通常表示を行い、サブモニタに欠点の拡大表示させることが可能で現場での視認性が非常に高い（第4図）。サブモニタにトレンドグラフを表示させることで生産状況が一目で分かるようにすることも可能である（第5図）。画面の表示設定はメイン画面からワンタッチで行えるようになっており、操作性に優れている。この2画面モニタ機能は現場においても高い評価を頂いている。欠点画像を大きく表示したモニタを検査装置から離れた場所に置いておき、遠くからでも検出した欠点を確認を行いたいというニーズに応えることができる。

4．おわりに：今後の展開

外観検査装置に求められる要素として、欠点を検出することだけでなく、検査能力の拡張性が重要になってきている。生産ラインも時代の要求に従って変化をしていく。当初100 umの欠点検出ができれば良かった検査機も5年後は20 umの欠点検出が必要になる可能性がある。カメラ、照明、処理基板を必要に

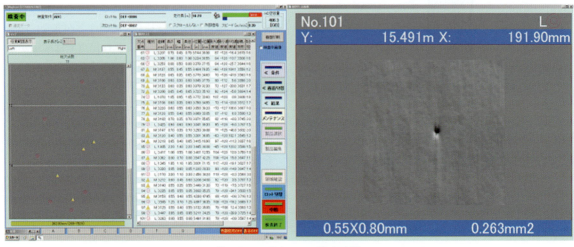

第4図　2画面モニタ（欠点画像）

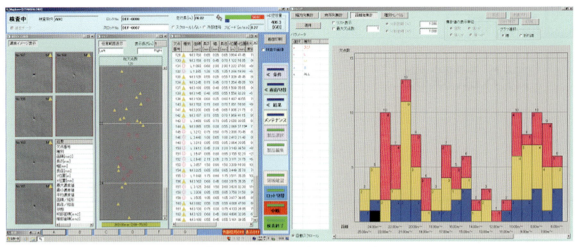

第5図　2画面モニタ（トレンドグラフ）

応じて、増設すれば検出能力を向上させることができるシステムになっている。検査はハードウエアによって行っているため、増設による影響は軽微である。

今回は紹介はしていないが、カラー検査も販売開始し、いくつかの納入実績がある。欠点の色分類を精密に行うことができることが特徴である。是非、一度問い合わせ頂き、当社検査技術を体感して頂きたいと考えている。

【問い合わせ先】

㈱ニレコ
〒198-8522　東京都八王子市石川町2951-4
TEL：042-660-7301

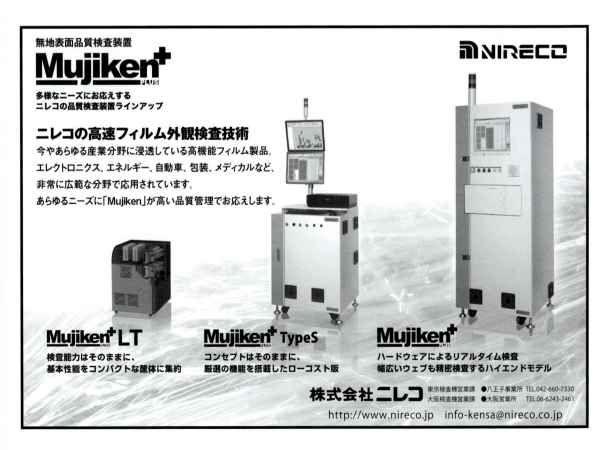

製品技術

耐久試験機

ユアサシステム㈱ 難波 輝彦

1. はじめに

当社が製造販売している試験機とは、ワーク（試料）が破損または劣化が起こるまで、繰り返し同じ動作を与える耐久試験機である。耐久試験は安全試験や信頼性試験とも呼ばれ、開発・製造・販売・使用の場合と、どの場面でも耐久試験で得た情報は必要となる。特に「開発」時には素早く手軽に耐久試験を行いたいとのニーズが高く、当社はその声に応えられるように試験機の開発に取り組んでいる。なかでも当社の「小型卓上型耐久試験機」は省スペースで使用できるうえ、電源がAC100 Vに対応している点や、さらに専用機と変わらないスペックでありながら、量産化により低価格にて販売している。

新商品が誕生するサイクルが早い現代では、商品開発にかかる期間を短縮しても安全で安定した品質を確保しなければいけないので、新しいジャンルであるフレキシブルデバイスなどは、試験項目がやっと定められてきた段階であり、早々に充実した種類の耐久試験機を求めることは難しいと思われるが、当社では早期からフレキシブルデバイス用の耐久試験機の開発を進めてきた実績もあり、どこよりも早く試験機を提案できる体制を整えている。

2. 対象ワーク（試料）

当社では対象ワークを線状体と面状体に分類しており、屈曲や捻回の動きができるフレキシブルなワーク（デバイス＆部材）は年々増えている。

- 線状体ワーク…ケーブル、光ファイバ、ワイヤー、繊維、等
- 面状体ワーク…フィルム、シート、フレキシブルデバイス、FPC、ウェアラブル、等

数年前であればケーブルが大半を占めていたが、近年ではフィルムやシートなどの耐久試験機が急激に増加している。フレキシブルデバイスの開発が進み、材料であるフィルムの耐久性が高くなったためと考えられるが、フィルムを扱う樹脂メーカーやガラスメーカーの他に、プリンテッドエレクトロニクスの印刷メーカーや塗料メーカーなど、面状体耐久試験を利用するメーカーは多業種にわたっている。

特殊な形の多いウェアラブル製品では、ワークの固定方法を、特殊仕様に改造しなければならないが、当社では元々汎用性のある試験機作りをしているため、専用機を製造するより早く製作することが可能である。

3. 試験機の特徴

3-1 汎用試験機

当社の耐久試験機は「本体」と「治具」を組み合わせて使用する構成になっています（第1図）。本体は動力源であり動きや速度をコントロールする。治具は動力を動作に変えワークに負荷を与える役目である。

耐久試験機は、ワークに合せて専用機として設計し製作する場合が一般的で、それはワークに与える負荷（動きと速度）を基に設計を進めるからであり、動力源の位置や力の伝達方法などは共通した作りにはなりにくくなる為である。しかし、本体と治具に分かれていれば、治具を交換するだけになるので、製作期間の短縮やコストも抑えられる。更に治具交換をすれば1台の本体で複数の試験項目を調べることもできるため、耐久試験の使用頻度にもよるが、設置場所のスペースやトータルコストで有効と考えている。

3-2 無負荷試験

当社は耐久試験機を製作してきた経験から、ワークに与える必要な負荷と不要な負荷を必ず洗い出し

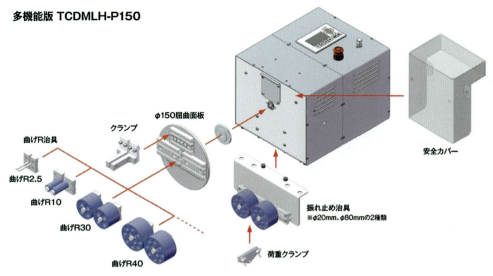

第1図　本体＋治具組合図

ている。実使用状況にて不要な負荷を与えた状態で耐久試験を行っても、評価内容としては信憑性に欠け、商品の価値に影響があるためである。DLDMLH-FS：面状体無負荷U字伸縮試機（写真1）は、フィルムの折り曲げ試験機であるが、ワークのクランプ部にチルト機構を採用している。フィルムを折り曲げる際、チルト機構がなければ自然に折り曲げる事さえできないが、そのチルト機構の重量が一直線上に伸びたフィルムに加えられるため、曲げと引張りの負荷により早期に破損してしまう。そこで折り曲げ動作に合わせてチルト機構が自然に動く無負荷の仕組みを採用した（写真2）。

3-3　環境試験

恒温恒湿槽内では、モータなどの動力源はすぐに故障してしまい使用するとはできないが、当社の試験機の特徴である「本体」と「治具」にわかれる構

写真1　面状体無負荷U字伸縮試験機

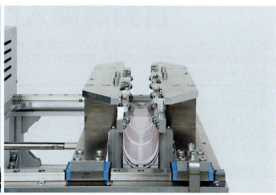

写真2　試験動作

写真3　恒温器内耐久試験システム

成であれば、支障なく耐久試験を実施することができる。槽の中に治具を入れて、動力源の本体は槽の外へ設置するので、本体は恒温恒湿槽の影響を受けることなく動作することができるのである（写真3）。

樹脂性の部品がメインで使用されるフレキシブル製品は、環境試験を実施する場合が多いと思われる。熱による封止部分の剥がれなど、実際に試験をしなければわからないことも多々あるので、既に多くのユーザーに使用して頂いている。

4．おわりに

新しいジャンルの商品が開発されても試験規格が間に合わない状況であるが、耐久試験は実施しないといけない状況だと考えられる。当社では汎用試験機をはじめ専用試験機の製作も対応可能であるので、何なりとご用命ください。

【問い合わせ先】

ユアサシステム㈱
〒701-1341　岡山県岡山市北区吉備津2292-1
TEL：086-287-9030

環境共生世代の建築設備の自動制御入門

ビルディングオートメーションの全体について実務に使用できるように解説。これからこの業務に携わる方はもちろん、既に実務に携わっている方にも知識の棚卸として役立つ一冊。

■主な内容
● 自動制御の設計に必要な建物設備、水と空気の流れ、空気線図、制御理論・制御機器について解説
● 代表的な空調機制御と熱源システム制御について制御目標から機器選定まで解説
● ビル管理システムの機能と設計のポイント
● 国際通信規格BACnet

日本工業出版㈱　0120-974-250
http://www.nikko-pb.co.jp　/　netsale@nikko-pb.co.jp

■著者：松本忠雄／田崎 茂
■体裁：B5判215頁
■定価：3,500円＋税

製品技術

超小型・低吐出押出機キャストフィルムライン
＜コンパクト縦型押出機、１層から８種15層までのフィルムライン＞

ユニテック・ジャパン㈱　柳谷　良行

1. はじめに

RANDCASTLE社製（ランドキャッスル／アメリカ）のMICROTRUDER（マイクロトルーダー）は、ラボ用に開発された超小型低吐出押出機である。最小タイプRCP0250（スクリュー径6.4 mm）は吐出量が10～115 g/hourと低吐出であり、また最大タイプRCP1250（スクリュー径32 mm）は吐出量2 kg～34 kg/hourである。（カスタマイズ可能。詳細はご相談ください）特許の１つでもあるサージサプレッション（変動軽減機能）は低吐出でも安定した樹脂供給を可能にした。特にフィルムライン（１～15層、ラミネートも可能）、シートライン（１～15層）、ペレタイジングライン、サブ押出ライン、モノフィラメントライン、ブローフィルムラインには最適である。

さらに、縦型構造のため樹脂のくい込みも良く、省スペースでラインが完成する。

写真１　RCP-0625　キャストフィルムライン

2. RANDCASTLE社マイクロトルーダーの仕様

RCP-0625の場合（第１表参照）。

- バレル：内径0.625インチ（約15.9 mm）、L/D＝36：１、窒化鋼ニトラロイ135M、磨き仕上げ、４本ボルトによるダイ接続、バレルポジション変更可能、ラプチャーディスク、ブレーカープレート、サーモカップルコネクター、バレルヒータ平均2,640 W/ゾーン、ステンレス製バレルカバー付
- スクリュー：調質鋼、エロンゲーター（３カ所：特許／２軸スクリューより８倍のミキシング能力）、スクリュー抜き工具付、母材降伏応力75,000psi
- フィードセクション：ステンレス鋼製、冷却水用穴付、ステンレス鋼製ホッパー付
- ベース：高さ調節機能付ベンチマウント式
- 駆動方式：5HP/ACモーター、減速比15：１、1,750RPM

3. キャストフィルムライン

（１）１層フィルムライン

RANDCASTLE社ではフィルム厚み、約0.254 mm以下のものをフィルムと定義する。

キャストフィルムでは、押出機で溶融されスロットダイから押し出された樹脂は、延伸されるようにダイから引っ張られ薄くなり、チルロール上で連続的に冷却される。

本押出機は50～500 mm幅のフィルム成形装置を研究部門、品質管理部門に提供している。

（２）多層フィルムライン

フィルム特性や接着度（密着度）の研究・調査や新規開拓、試作依頼などに対応でき多層にもかかわ

第1表 ［マイクロトルーダ］のモデル別吐出量（L-LDPE）

モデル番号	スクリュサイズ [mm (in)]	吐出量 [g/hr]	ペレット・パウダーの最大径 [mm]
RCP-0250	6.4 (0.250)	10 ～ 115	0.8
RCP-0375	9.5 (0.375)	29 ～ 352	1.5
RCP-0500	12.7 (0.500)	82 ～ 983	3.3
RCP-0625	15.9 (0.625)	168 ～ 2,040	3.8
RCP-0750	19.1 (0.750)	454 ～ 8,172	4.6
RCP-1000	25.4 (1.000)	1,135 ～ 19,068	4.8
RCP-1250	31.8 (1.250)	2,043 ～ 34,050	5.3

らず915×1,525 mmという省スペースである。特にフィードブロックモジュールを用いてフィルムの構造を変更するとき（例えば、ABCDBAからABCD）、それぞれの樹脂のスピードは同じであっても、粘性が違うため均一化されたフィルムを形成するのは非常に難しいが、RANDCASTLE社では共押出において精度の高いフィルムをつくるために多層の粘性に応じてフィルムを均一化させるinterchangable manifold（変換可能なマニホールド）を提供している。また、トータル層の厚みはフレキシブルリップダイにより調整可能である。そのほかのキャストフィルム関係では、コーティングやエンボス、ラミネート加工用ラインもある。

【筆者紹介】

柳谷良行
　ユニテック・ジャパン㈱

読者アンケートご協力のお願い

　本誌では、読者の皆様方に読みやすく、お役に立てる誌面づくりを心掛けて編集を行っておりますが、より一層の努力をしてまいりたいと考えております。

　つきましては、このアンケートにご協力いただき、読者の皆様方の貴重なご意見をお聞かせいただきたいと存じますので、お手数ですがご協力の程よろしくお願い申し上げます。

───── アンケートご記入欄 ─────

●お読みいただいた雑誌名を○でお囲み下さい。
　配管技術・油空圧技術・建築設備と配管工事・建設機械・計測技術・ターボ機械・超音波 TECHNO・月刊自動認識
　住まいとでんき・画像ラボ・光アライアンス・クリーンテクノロジー・クリーンエネルギー・検査技術・環境浄化技術
　福祉介護テクノプラス・プラスチックス・機械と工具・流通ネットワーキング　（　　　）年（　　　）月号

●お読みいただいた雑誌の中で興味をもったあるいは参考になった記事のタイトルをお書き下さい。
　①
　②
　③

●今後お読みになりたいテーマ・ご興味のある話題をお聞かせ下さい。
　　　　　　　　　　　　　　　　　　　　　（業界で話題の人物・技術ニュースなども）
　①
　②
　③
　④

●本誌に対するご意見・ご要望

お名前		e-mail	
会社名		所属	
勤務先住所	〒	TEL	
		FAX	

アンケートご協力誠にありがとうございます。このページを下記 FAX 番号にお送り下さい。
尚、アンケートにご協力いただいた皆様には抽選で粗品を進呈させていただきます。

〈個人情報について〉
お申込みの際お預かりしたご住所やEメールなど個人情報は事務連絡の他、日本工業出版からのご案内（新刊案内・セミナー・各種サービス）に使用する場合があります。

FAX. 03-3944-6826　　日本工業出版株式会社　編集部　行
　　　　　　　　　　　　　e-mail : info @ nikko-pb.co.jp

明日の技術に貢献する日本工業出版の月刊技術雑誌

- ◆つくる・えらぶ・つかうひとのための情報誌 …………………… 福祉介護テクノプラス
- ◆プラントエンジニアのための専門誌 ………………………………… 配管技術
- ◆ポンプ・送風機・圧縮機・タービン・回転機械等の専門誌 ……… ターボ機械（ターボ機械協会誌）
- ◆流体応用工学の専門誌 ……………………………………………… 油空圧技術
- ◆建設機械と機械施工の専門誌 ……………………………………… 建設機械
- ◆やさしい計測システムの専門誌 …………………………………… 計測技術
- ◆建築設備の設計・施工専門誌 ……………………………………… 建築設備と配管工事
- ◆ユビキタス時代のAUTO-IDマガジン ……………………………… 月刊自動認識
- ◆超音波の総合技術誌 ………………………………………………… 超音波テクノ
- ◆アメニティライフを実現する ……………………………………… 住まいとでんき
- ◆やさしい画像処理技術の情報誌 …………………………………… 画像ラボ
- ◆光技術の融合と活用のための情報ガイドブック ………………… 光アライアンス
- ◆クリーン化技術の研究・設計から維持管理まで ………………… クリーンテクノロジー
- ◆環境と産業・経済の共生を追求するテクノロジー ……………… クリーンエネルギー
- ◆試験・検査・評価・診断・寿命予測の専門誌 …………………… 検査技術
- ◆無害化技術を推進する専門誌 ……………………………………… 環境浄化技術
- ◆メーカー・卸・小売を結ぶ流通情報総合誌 ……………………… 流通ネットワーキング
- ◆プラスチック産業の実務に役立つ技術情報誌 …………………… プラスチックス
- ◆生産加工技術を支える情報誌 ……………………………………… 機械と工具

○年間購読予約受付中　03（3944）8001（販売直通）

● 本誌に掲載する著作物の複製権・翻訳権・上映権・譲渡権・公衆送信権（送信可能化権を含む）は日本工業出版株式会社が保有します。
● JCOPY ＜㈳出版者著作権管理機構委託出版物＞
本誌の無断複写は著作権法上での例外を除き禁じられています。複写される場合は、そのつど事前に㈳出版社著作権管理機構（電話 03-3513-6969、FAX03-3513-6979、E-mail：info@jcopy.or.jp）の許諾を得てください。

＊掲載原稿の問い合せは、編集部へご連絡下さい。
乱丁、落丁本は、ご面倒ですが小社までご送付下さい。
送料小社負担でお取替えいたします。

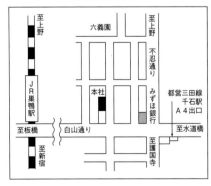

〈東京本社付近図〉

日工の知っておきたい小冊子シリーズ

ニーズに応える機能性フィルム関連技術

編　　　集	月刊「プラスチックス」編集部
発 行 人	小林大作
発 行 所	日本工業出版株式会社
発 行 日	平成27年12月10日

本　　　社　〒113-8610　東京都文京区本駒込6-3-26
　　　　　　TEL03（3944）1181㈹　　FAX03（3944）6826
大阪営業所　TEL06（6202）8218　　FAX06（6202）8287
販 売 専 用　TEL03（3944）8001　　FAX03（3944）0389
振　　　替　00110-6-14874
http://www.nikko-pb.co.jp/　　E-mail：info@nikko-pb.co.jp

ISBN978-4-8190-2718-2　C3053　¥800E　定価：本体800円＋税

資格・管理区域が不要

β線厚さ計 SB-1100

従来のβ線厚さ計は、放射線取扱主任者の資格や管理区域の設定が必要で、導入をためらわれる向きも多かったようです。
ナノグレイでは、β線厚さ計で業界で初めて設計認証を取得し、表示付認証機器のβ線厚さ計を販売しています。資格や管理区域の設定が必要なく、一般計測器同様に簡単に導入が可能です。

特長

- 資格や管理区域の設定が不要（表示付認証機器 セ114）
- 元素に依存することなく坪量が測定できます
- 検出部、β線源部がコンパクト・軽量で狭いラインにも設置可能
- X線源とβ線源をひとつのヘッドに搭載したハイブリッド型もあります

用途

プラスチックフィルム（多層押出フィルムなど）、電池電極（リチウムイオン電池〔負極・正極〕ニッケル水素電池など）、ガラス繊維クロス、セラミックスシート、銅箔、アルミ箔、ステンレス箔など

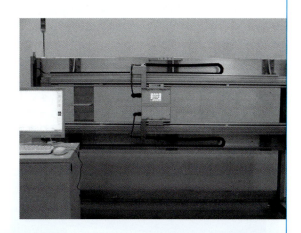

X線厚さ計 SX-1100

ナノグレイのX線厚さ計は、微弱X線源と高感度の検出系により、X線作業主任者、管理区域の設定が不要ながら、高精度を実現。また、X線の管電圧調整ができるので、プラスチックフィルムから銅・ステンレス箔までそれぞれ最適条件で測定できます。

特長

- 微弱な軟X線源を使用し、X線作業主任者、管理区域の設定が不要です
- コンパクトなX線源と検出器を使用しているので、既設ラインにも設置可能
- 広範囲な計測対象（材質・厚さ）
- 豊富なソフトラインナップから貴社に最適なシステムを選定できます
- X線源とβ線源をひとつのヘッドに搭載したハイブリッド型もあります

当社名「ナノグレイ（nanoGray）」は、「ナノ」が10^{-9}「グレイ」が線量の単位であり、微弱な線源で安全な計測器を提供するという使命を表しています。放射線応用計測の技術者集団が豊富な知見を活かし、資格・管理区域不要の表示付認証機器を中心に、お客様にとって安全で使いやすい非接触計測器を開発・提供しています。

【営業品目】
・X線厚さ計
・β線厚さ計
・ガンマ線レベル計・密度計
・熱ルミネッセンス測定装置
・X線照射装置、他

nanoGray ナノグレイ株式会社

〒562-0035　大阪府箕面市船場東1-11-16　Y'sピア箕面船場
TEL.072-726-4000　FAX.072-726-4010
http://www.nanogray.co.jp/　Email: sales@nanogray.co.jp

ダイ・リワーク専門工場

ノードソンが貴社のダイをアップグレード致します

ダイの専門メーカーによるサービスのメリット
- 製膜・成形に必要なダイの重要事項を熟知しています。
- お客様の製膜・成形時の問題解決の相談を承ります。
- 補修するダイのメーカーは問いません。
- 短納期で仕上げます。
- ダイメンテナンスのトータルサービス(補修・改造・メッキ・研磨・仕上げ・再配線作業)を行います。
- 高機能・高品質フィルムに必要な研磨・仕上げ(エッジ・ランド)を行います。
- ダイ製作に必要なノウハウを注入します。(ダイ筋対策・ゲージバンド対策等)
- 硬質クロムめっき、無電解ニッケルめっき、タングステン溶射等 各種表面処理を行います。
- お客様サイトへの出張診断による見積りを承ります。
- 樹脂剥離性を向上する、**ウルトラクロムⅡ**表面処理を流面に施工します。

クロムメッキ シャープエッジ 鏡面仕上げ

剥離性向上 ウルトラクロムⅡ処理

ノードソン 押出成形関連機器

スクリーンチェンジャー

EDI ダイ・フィードブロック

ギアポンプ

ノードソン株式会社
PPSビジネスグループ
〒140-0012 東京都品川区勝島1-5-21 東神ビルディング2F　Tel: 03-5762-2770　Fax: 03-5762-2765
Email: edi.japan@nordsonedi.com
http://www.nordsonpolymerprocessing.com, www.nordsonfluidcoating.com

ランドキャッスル社　研究開発・テスト・試作用
超小型押出機　マイクロトルーダー

キャストフィルムライン

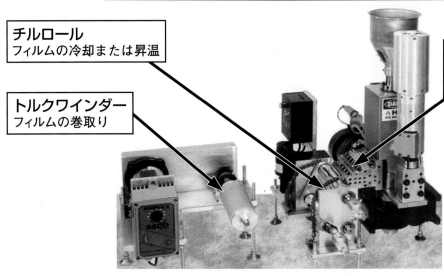

- **チルロール**　フィルムの冷却または昇温
- **トルクワインダー**　フィルムの巻取り
- **フィルムダイ**　50〜500mm幅まで様々なサイズがあります

＊8種15層フィルムまで作製可能
＊最少吐出量10g/時間〜
＊スクリュー最少φ6.4mm〜

ペレタイジングライン

- **冷却水槽**（ストランド・ダイから押し出された樹脂を冷却します）（約45.7mm）水槽
- **ペレタイザー**（樹脂を裁断してペレットを作成します）写真はマイクロ（RCP-1.0）ペレタイザー
- **ストランド・ダイ**（溶解した樹脂をストランド状に吐出します）ヒーター,サーモカップル付

UNITEK JAPAN
ユニテック・ジャパン株式会社

大阪本社　〒563-0025　大阪府池田市城南2-7-6 神田第二ビル2階　TEL:072-754-5757　FAX:072-754-5758
横浜営業所　〒222-0033　横浜市港北区新横浜2-17-11 アイシスプラザ4階　TEL:045-470-0177　FAX:045-470-0178
＜E-mail＞ unjkk@pop21.odn.ne.jp　＜WEB＞ http://www.unitekjapan.co.jp

押出機用金網フィルター

ゲル除去性能に優れたスクリーンをご提案!!

BMT / BMT-ZZ 特殊綾畳織

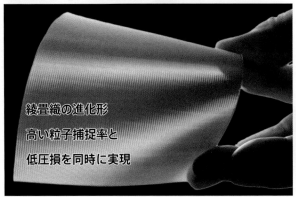

綾畳織の進化形
高い粒子捕捉率と
低圧損を同時に実現

BMT/BMTzzは、通常の綾畳織よりも、圧力損失が低く「ヌケ」の良さを持ちながら、高い異物補足率を有する驚きのスクリーン性能。複雑なスクリーン断面構造により長い時間、スクリーンの初期性能を保持することができます。

石川金網は、大正11年創業以来、押出機用金網のパイオニアとして、様々なニーズに対応し、各種スクリーンを開発してまいりました。オリジナルブランド、IK SCREENは、国内のメーカーはもちろん世界各国の押出成形機に対応しております。

IKK 石川金網株式会社
ISHIKAWA WIRE NETTING CO.,LTD.

〒116-0002　東京都荒川区荒川5-2-6
TEL:03-3807-9761（代表）　FAX:03-3807-9764
http://www.ishikawa-kanaami.com

製造ラインへの設置概念を大きく変えるフィルム厚さ計

既存のラインに簡単に設置可能。

- 狭い場所への設置も組み込み可能。
- 稼働中でもスライドし設置可能。(C型)
- 上下同時測定で短時間・高効率測定。
- 小型・軽量・リーズナブルな価格。

紙パックなどの防水加工を施すフィルムや塗工膜を非接触・高速測定

極薄フィルム厚さ計

TISMε-C型

■ 同じ測定点で上下同時に分離測定。

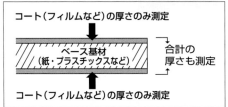

■ 測定対象ワーク

対象ワークについては、ご一報ください。数多くの測定実績があります。ご相談ください。

- セラミックスフィルム
- カルシウム入りフィルム
- 積層内のバリアフィルム
- 不織布・グラスファイバー
- 機能性特殊紙・フィルム 他

T・I・T
〒178-0065　東京都練馬区西大泉5-32-12 (アイフィールド大泉A101)
TEL.03-3924-5063　FAX.03-3922-8453　E-mail: takada.hideo@amber.plala.or.jp

Automatic Winders

巻取機はウェブをロール製品にするための重要な装置です。
巻取機専業メーカーのニチユマシナリーからのご提案です。

今の時代だからこそ……
2軸ロータリー巻取機

【対象基材】
- 伸び易い
- 滑りやすい
- 傷が入りやすい

【特長】
連続巻取での軸切替時にネックイン、蛇行などのロスが発生しない
ニチユオリジナル巻取機です。

生産性の向上を求めて……
アキュームレータ付2軸ターレット巻取機

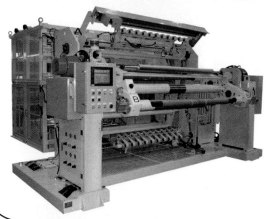

【対象基材】
- 一般シート・フィルム
- 光学用途フィルム
- 軟質系シート

【特長】
切れない、切り難い対象基材に対応できます。
1軸2枚取など生産性向上も図れます。

営業品目 各種巻出機・巻取機・ロールハンドリングシャフト・自動化装置など

ニチユマシナリー株式会社

■ 本社　〒521-1334 滋賀県近江八幡市安土町西老蘇8-1　TEL0748-46-6880/FAX0748-46-6879
■ 東日本グループ　TEL.03-6404-3065/FAX.03-6404-3066　■ 西日本グループ　TEL.075-956-8684/FAX.075-951-7179
■ ホームページ　http://www.nmf.co.jp~nmc-info

業界初、外観目視検査を定量化。

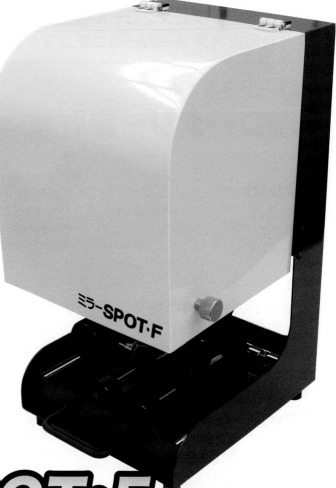

人間が目視検査を行う際に行っているのと全く同じ評価指標を用いて被検査面の表面性状の総合的な評価を行い、評価結果を**「鏡面度」**という独自指標を用いて表すことにより、表面性状の定量評価を可能としています。

また、「鏡面度」を構成する**「光沢度」「写像性」「コントラスト」「うねり」「白濁度」**の各要素を「鏡面度」から分離し独自指標数値にて表わす事により、複数台の測定器を使用せずとも、単独測定器にて外観目視検査における複数評価指標の定量化が可能となっています。

鏡面計 ミラーSPOT・F（標準タイプ）

※ただいま無料測定実施中です！
ご興味がございましたら、お気軽に下記までお問い合わせください。

シリーズ　ラインナップ

■鏡面計ミラーSPOT・F（拡張タイプ）

■鏡面計ミラーSPOT　AHS-400

■鏡面計ミラーSPOT　AHS-300

■鏡面計ミラーSPOT　AHS-100S

▼鏡面計ミラーSPOTの詳しい情報はこちらから
http://www.arc1.co.jp/spot/

ARC アークハリマ株式会社

〒671-0252　姫路市花田町加納原田771-1　TEL.079(252)2234　FAX.079(252)0102　MAIL.spot@arc1.co.jp　http://www.arc1.co.jp/　担当：柴田

新しい洗浄
ドライアイス・超臨界CO_2によるあらゆる粒子径で対応

Cold Jet ドライアイスブラスト

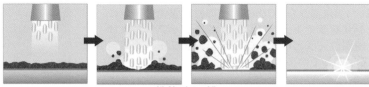

洗浄イメージ

SDI Select 60

ペレットドライアイス
粒子径:3mm〜300μm

i³ MICROCLEAN

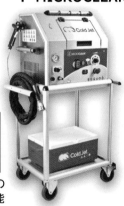

パウダースノードライアイス
粒子径:100μm以下

ブロック/スクラップ/ペレット等の
すべてのドライアイスが使用可能

ブロックドライアイスの
シェービング技術は
Coldjet社の特許です

特長
- シェービング技術によるソフトなパウダースノウドライアイス洗浄と、強力なペレットドライアイス洗浄が1台で可能です
- Aeroシリーズのノズルが使用可能です
- 低騒音設計で安全装置付きです

特長
- ブロックドライアイスをシェービングしたパウダースノードライアイスによるソフトな洗浄です
- 軽量・コンパクト設計で容易に移動できます

超臨界炭酸洗浄装置
粒子径：ナノレベル

リサイクル炭酸ガス

特長
- ナノレベルの洗浄です
- 従来より緻密な洗浄処理・乾燥処理が可能です
- 乾燥工程が不要です
- 従来方法と比較して低温処理が可能です
- 従来の溶剤と同様に再利用が可能です

SHOWA DENKO GROUP

昭和電工ガスプロダクツ株式会社
産業機材事業部
〒210-0867 神奈川県川崎市川崎区扇町7-1　TEL:044-333-7361　FAX:044-333-7538
URL:http://www.sdk.co.jp/gaspro/

深瀬商事のプラスチックシート・フィルム製造用機器

深瀬商事の最新式機器は、製品の精度の向上・コストダウンに貢献します。

FMS 荷重センサー（ロードセル）

FMS荷重センサは、1N未満から100kN以上の材料張力の測定に対応する様々なセンサをラインナップし、ライブシャフトおよびデッドシャフト、内部ローラピローブロック、ニップ圧、その他様々なバージョンで展開しています。

非接触長さ・速さ計

ベータレーザマイク社のレーザースピードは非接触で走行するシート・フィルムの速さと長さを正確に計ります。

非接触厚み計

NDC テクノロジー社の非接触センサーはシート・フィルム生産工程で厚みの連続監視と制御が可能となります。

非接触ピンホールテスタ

クリントン社のインラインのピンホール検知機PDC－Fシリーズは検査対象を傷つけない非接触電気式センサシステムで、生産ラインでシート・フィルムの疵を確実・安全に検出します。

非接触走行シート・フィルム表面温度計測器

LUNE-CHFフラットテンプは光学計器を用いず、熱流束計測原理で10℃から250℃まで、非接触でシート、フォイル、フィルム表面の温度を計測します。

電子ビーム加速器

EBテック社の、最先端の電子ビーム加速器でシート・フィルムの性質を改善させます。

深瀬商事株式会社

業務センター 〒262-0033 千葉県千葉市花見川区幕張本郷2-10-10 TEL:043-276-0630 FAX:043-276-0463
E-Mail:info@fukase.co.jp HP:http://www.fukase.co.jp

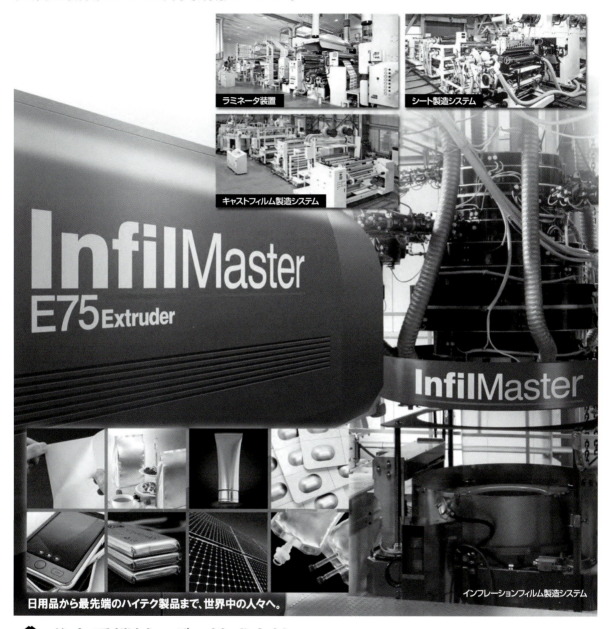

押出ダイシステムの世界標準
Setting the Global Standard in Extrusion Die System

共押出のパイオニア

"スーパーナノレイヤーテクノロジー"

＊独自の積層技術により、数10層から数100層の共押出が可能!!
＊独自の積層技術により、共押出固有の問題点（界面荒れ、回り込み現象）を解決!!
＊独自の積層技術により、従来の層構成にナノレイヤー層を加えることが可能!!

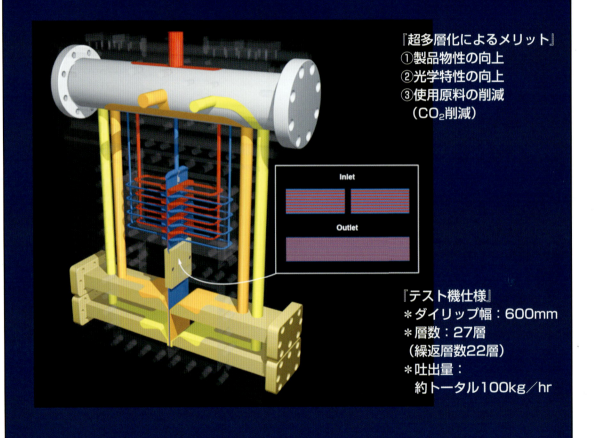

『超多層化によるメリット』
① 製品物性の向上
② 光学特性の向上
③ 使用原料の削減
　（CO_2削減）

『テスト機仕様』
＊ダイリップ幅：600mm
＊層数：27層
　（繰返層数22層）
＊吐出量：
　約トータル100kg／hr

■主な取扱品■
● 共押出多層フィルム・シート用ダイ（エポックⅢ）
● 樹脂合流部可変式フィードブロック
● 単層キャストフィルム・シート用ダイ（エポックⅤ）
● エッジビードを減らす押出ラミネーション用ダイ（エポックEBR）
● 製品幅可変インナーディッケルシステム（IDS）
● マルチマニホールドダイ（エポックⅣ）
● 低粘度・液体コーティングダイ（マスターコートダイ）
● その他関連機器

株式会社 クローレンジャパン　〒103-0013 東京都中央区日本橋人形町2-35-5 DJK人形町ビル4F
http://www.cloeren.com/world/asiapacallpage.html
TEL.03-3249-5665　FAX.03-3249-5207
E-mail:center@cloerenj.co.jp

ISBN978-4-8190-2718-2　C3053　¥800E　　定価：本体800円＋税